Adobe Dreamweaver

网页设计与制作

标准实训教程(CS5 修订版)

◎ 易锋教育　总策划

◎ 张民　陈港能　张增红　编著

U0340698

内容提要

本书内容完全基于真实网站案例"师生作品展示平台"进行组织编写，是一本着重训练读者使用Dreamweaver CS5软件进行网页设计的技能实训教材，书中提供了大量网页设计与制作的细节图解，由浅入深地讲解网站制作的步骤与方法，使读者能够在短时间内全面地掌握网站建设的完整设计流程。内容包括网页设计基础、创建和管理站点、规划网页布局、创建网页链接、创建多媒体网页、创建框架网页、创建表单网页、网页中CSS样式的应用、应用层和行为创建动态效果、网站测试与发布等。应读者要求，新升级的版本特别添加了"利用模板和库创建网页"、"使用DIV+CSS进行网页布局"两个章节，力求让读者在技术的更新和学习上能够赶上行业发展的趋势。

本书结构清晰、语言流畅、实例丰富、图文并茂。全书安排了大量有针对性的实训任务，并在每个实例中融入网站设计制作必需的知识点，强调理论知识与实际应用的结合，让读者能快速理解和掌握使用Dreamweaver进行网页设计的各种实用功能和编辑技巧，在掌握理论知识的同时，可以轻松提高学习效率及动手能力。

本书不仅适合作为各院校网页设计相关专业的实训教材，也适合作为网页设计和网站管理爱好者的参考用书。为方便职业院校教师教学和学生学习，本书作者提供了教学大纲、教案等辅助教学资料，如有需求，可在印刷工业出版社网站（www.pprint.cn）下载。

图书在版编目（CIP）数据

Adobe Dreamweaver网页设计与制作标准实训教程（CS5修订版）/张民，陈港能，张增红编著.
－北京：印刷工业出版社，2013.12
ISBN 978－7－5142－0927－3

I.A… II.①张…②陈…③张… III.网页制作工具－教材 IV.TP393.092

中国版本图书馆CIP数据核字(2013)第220903号

Adobe Dreamweaver 网页设计与制作标准实训教程（CS5修订版）

编　　著：张　民　陈港能　张增红

责任编辑：张　鑫

执行编辑：王　丹　　　　　　　　责任校对：岳智勇

责任印制：张利君　　　　　　　　责任设计：张　羽

出版发行：印刷工业出版社（北京市翠微路2号　邮编：100036）

网　　址：www.keyin.cn　　　www.pprint.cn

网　　店：//shop36885379.taobao.com

经　　销：各地新华书店

印　　刷：三河国新印装有限公司

开　本：787mm×1092mm　　　1/16

字　数：365千字

印　张：15

印　数：1～3000

印　次：2013年12月第1版　　2013年12月第1次印刷

定　价：36.00元

ＩＳＢＮ：978－7－5142－0927－3

◆　如发现印装质量问题请与我社发行部联系　直销电话：010－88275811

丛书编委会

主　任：曹国荣

副主任：赵鹏飞

编委（或委员）：（按照姓氏字母顺序排列）

陈港能	何清超	胡文学	纪春光	吉志新
姜　旭	李　霜	刘本君	刘　峰	刘　辉
刘　伟	马增友	庞　玲	彭　麒	时延鹏
宋　敏	王　静	王　梁	王　顾	肖志敏
杨春浩	姚　莹	于俊丽	张笠峥	张　民
张　鑫	张旭晔	张　岩	张增红	赵　杰
赵　昕	赵　雪			

前言 Preface

　　本套丛书是在"北京市高等职业教育示范校评估"的大背景下编写的。无论是中职教育还是高职教育，对学生的"职业化"培养目标和理念都是一致的，即用所学的职业技能解决工作中遇到的实际问题。

　　2011 年 6 月，本系列图书第一版上市发行，以其实用性、典型性、系统性、可行性的编写特色和对职业教育教学规律的遵循与体现，受到了许多来自职业院校的教师、学生以及从事网页设计的工作者的欢迎，并对本书提出了宝贵的意见，强烈呼吁继续对教材进行版本的升级。

　　Adobe Dreamweaver CS5 是一款集网页制作和管理网站于一身的所见即所得网页编辑器，Dreamweaver CS5 是第一套针对专业网页设计师所特别升级的视觉化网页开发工具，利用它可以轻而易举地制作出跨越平台限制和跨越浏览器限制的充满动感的网页。

　　应读者要求，新升级的版本教材特别添加了"利用模板和库创建网页"、"使用 DIV+CSS 进行网页布局"两个章节，力求让读者在技术的更新和学习上能够赶上行业发展的趋势。

本书内容特点如下：

　　1. 遵循职业教育规律，知识点、技能点及实践案例的选择符合高职院校教学组织形式，符合学生知识层次，由简入难，循序渐进，案例真实，贴近实战。

　　2. 配套教学课件、大纲和教案，均体现高等职业教育示范校建设成果，为教师教学和学生学习提供便利。

　　3. 本教材以培养学生软件应用能力为目标，以真实职业活动为导向，以任务为载体，突出岗位技能要求，突出工作经验获取，着重训练学生解决实际问题的能力和自学能力，采用模块化的方法组织内容，每个模块对知识目标和能力目标均提出了明确具体的要求。

　　4. 基于网页设计制作人员的工作过程精心组织内容，改变了传统的以工具、功能介绍为重点的教材编写模式。本书从网页设计工作本身出发，以经常应用到的创建和管理站点、规划网页布局、创建网页链接、创建多媒体网页、创建框架网页、创建表单网页、网页中 CSS 样式的应用、应用层和行为创建动态效果、网站测试与发布等环节为依据组织案例和软件技能点的编写，确保工作用到什么，我们就训练什么，力求体现实用性和覆盖性。

本书由张民、陈港能、张增红共同编写，同时参与编写和资料整理的还有赵俊俏、高卉垚、李静竹、叶婷、付谊萍、程艳波、王晓寒、凡慢，在此一并表示感谢。

本书由易锋教育总策划，读者若有任何意见和建议，可随时联系我们，联系 QQ 是 yifengedu@126.com，亦可直接发送邮件到此邮箱，我们将尽快回复。本书提供配套电子课件和电子教案，读者可在印刷工业出版社网站（www.pprint.cn）下载，也可通过上述联系方式联系我们索取。

由于编者水平有限，在编写本书的过程中难免会存在疏漏之处，恳请广大读者批评指正。

编　者

2013 年 10 月

目 录 Contents

Adobe Dreamweaver CS5

模块 01

网页设计基础

　　随着互联网的迅猛发展，网络已经逐渐成为人们工作和生活不可缺少的一部分。通过网络可以获取、交换和存储连接在网络上的各台计算机上的信息。网络上存放信息和提供服务的地方就是网站。要学习网页制作，首先要了解网页的基本概念，为今后制作网页打下良好的基础。

能力目标

1. 能正确启动和关闭Dreamweaver
2. 能创建HTML网页

学时分配

3课时（讲课2课时，实践1课时）

知识目标

1. 网页浏览基本原理
2. 了解网页与网站
3. 了解静态网页和动态网页
4. 网站设计制作流程
5. 熟悉Dreamweaver工作界面

知识储备

知识 **1** 欣赏优秀网页作品

（优秀网页作品欣赏见模块1\作品欣赏）

兴趣对于学习知识十分重要，希望通过欣赏一些优秀的网页作品可以激发读者制作网页的兴趣。如图1-1～图1-4所示的4个网站制作新颖，界面简洁大方，文字排版结构合理，颜色搭配鲜明。

图1-1 作品欣赏1

图1-2 作品欣赏2

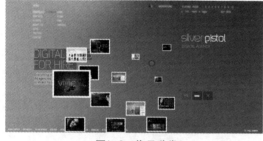

图1-3 作品欣赏3

图1-4 作品欣赏4

优秀网站欣赏：http://www.triparoundtheglobe.com/

个人网站欣赏：http://www.pqshow.com/index/wangye1.html

知识 **2** 认识网页

1. 网页与网站

（1）网页（Web）

通常所说的"新浪"、"搜狐"、"网易"等，就是俗称的"网站"。当我们访问这些网站时，访问最直接的就是"网页"。网页是构成网站的基本元素，是承载各种网站应用的平台，也就是说，网站是由网页组成的。

网页是一种网络信息传递的载体，这种媒介的性质与"报纸"、"广播"、"电视"等传统媒体是可以相提并论的。在网络上传递的信息，比如文字、图片甚至多媒体影音，都是存储在网页中的，浏览者通过浏览网页就可以了解到相关信息。构建网页的基本元素包括文本、图像和超链接，其他元素包括声音、动画、视频、表格、导航栏、表单等。

在浏览器的地址栏中输入一个网址，例如，http://www.pfc.edu.cn，然后按Enter键，即可打开一个网页，如图1-5所示。

图1-5 打开网页

网页实际是一个文件，称为网页文件。正如一个音乐文件需要播放器收听一样，网页的显示也需要网页浏览器的支持，目前的主流网页浏览器有Microsoft Internet Explorer、Netscape Navigator、Mozilla Firefox以及Opera等。如果想选择不同的浏览器来浏览网页，可以从互联网中搜索并免费下载。

可以发现，只要是网页浏览器打开的站点，其显示的都是网页。另外，还可以通过菜单命令查看网页的"源代码"。以IE浏览器为例，在当前打开的网页浏览器上，单击"查看"菜单，从下拉菜单中选择"源文件"菜单命令，即可打开一个记事本文件，在该记事本中就可以查看网页的源代码了，如图1-6所示，网页的源代码是由HTML标签和其他内容组成的。

图1-6 网页源代码

通过观察，可以将网页看作一张纸。这张纸与一张宣传画册、海报没有多大的差别（指页面的设计版式和传递表达的信息内容），其区别是媒介载体的不同。设计一个网页，如同在稿纸上画一幅画一样，要考虑使用什么颜色、采用什么结构、表现什么风格、传达什么内容等，只是网页是将稿纸上的内容搬到了计算机互联网上来实现。

（2）网站（Website）

网站是指在互联网上，根据一定的规则，使用HTML等工具制作的用于展示特定内容的相关网页的集合，它建立在网络基础之上，以计算机、网络和通信技术为依托，通过一台或多台计算机向访问者提供服务。平时所说的访问某站点，实际上访问的是提供这种服务的一台或多台计算机。人们可以通过网页浏览器来访问网站。

2．网页浏览基本原理

互联网的原理非常简单，它包括至少两台计算机之间的信息交换，需要信息的计算机称为客户端，提供信息的计算机称为服务器。在客户端上安装的浏览器软件（如IE浏览器或Netscape Navigator）可以向网站的服务器请求浏览自己需要的信息。例如，某人要到欧洲旅游，在实际到达目的地之前，他可以打开浏览器，到互联网上搜索有关欧洲旅游的各方面信息，如有关欧洲各国风俗的信息、旅行注意事项等；除此之外，他还可以在网上进行预订客房和机票之类的操作。提供信息的服务器可以在公司内部的局域网中，也可以位于互联网上。监视器根据服务器文件系统中的名称确定请求的文件，并要求服务器进行发送。接收到需要的文件后，浏览器会将文件显示给站点访问者。如果该信息同时要求传送其他文件（如图形、声音、动画或视频文件等），则浏览器会以同样的机制进行处理，下载到客户端供站点访问者浏览，如图1-7所示。

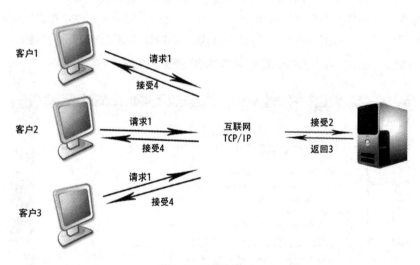

图1-7　网页浏览图

3．静态网页和动态网页

按网页在一个站点中所处的位置可以将网页分为主页和内页。主页又称为首页，是指进入网站时看到的第一个页面，该页面通常在整个网站中起导航作用；内页是指与主页相链接的，与本网站相关的其他页面。

按网页的表现形式可以将网页分为静态网页和动态网页。

静态网页是指网页文件中没有程序和后台数据库，只有HTML代码，一般以".html"或".htm"为后缀名的网页。静态网页内容不会在制作完成后发生变化，任何人访问都显示一样的内容，如果内容变化就必须修改源代码，然后将其重新上传到服务器上。

动态网页是指该网页文件不仅具有HTML标记，而且含有程序代码，使用数据库连接。动态网页能根据不同的时间、不同的来访者显示不同的内容。动态网站更新方便，一般在后台直接更新。

4．DNS

DNS即域名服务器（Domain Name Server或Domain Name System），它把域名转换成计算机能够理解的IP地址，例如，访问中央电视台的网站（www.cctv.com），DNS就将www.cctv.com转换成IP地址"210.77.132.1"，这样就可以找到存放中央电视台网站内容的网络服务器了。每一台联网的计算机必定有一个DNS来解析域名。

例如，访问www.pfc.edu.cn的过程如下。

① 将域名送到本地域名服务器上。

② 如果该本地域名服务器不是授权域名服务器，则本地域名服务器将请求送给根域名服务器。

③ 根域名服务器查询后，将www.pfc.edu.cn所在的授权域名服务器的域名及 IP 通知本地域名服务器。

④ 本地域名服务器询问www.pfc.com，得到它的 IP 地址。

⑤ 存储www.pfc.com的IP地址，并将该 IP 送到客户端，由客户端访问。

5．网站设计工作流程

网站建设最初必须有一个整体的战略规划和目标。首先要规划好网页的大致外观，然后着手设计，当整个网站制作并测试完成后，就可以发布到网上了。下面介绍网站建设的基本流程。

（1）网站需求分析

规划一个网站，可以先用树状结构把每个页面的内容提纲列出来。尤其是当要制作的网站很大时，特别需要把架构规划好，便于理清层次，同时要考虑到以后的扩充性，避免以后更改整个网站的结构。

① 确定网站主题

网站主题就是网站的主要内容，网站必须有明确的主题。确定网站的主题就是要明确网站设计的目的和用户需求，认真规划和分析，把握主题。为了做到主题鲜明突出、要点明确，需要按照客户的要求，用简单明确的语言和页面来体现网站的主题，然后调动多种手段充分表现网站的个性，突出网站的特点，给用户留下深刻的印象。

② 收集素材

明确了网站的主题之后就要围绕主题开始收集素材了。素材包括图片、音频、文字、视频和动画等。素材收集得越充分，以后制作网站就越容易。通常可以从图书、报刊、光盘及多媒体中获得素材，也可以自己制作，或者从网上收集。收集好素材后，将其去粗取精，归类整理，以方便使用。

③ 规划网站

一个网站设计得成功与否，很大程度上取决于设计者的规划水平。网站规划包含的内容很多，如网站的用途、网站的结构、栏目的设置、网站的风格、颜色的搭配、版面的布局以及文字图片的运用等。只有在制作网页之前进行了充分的规划，才能在制作时驾轻就熟，使制作出来的网页有个性、有特色、有吸引力。

（2）设计制作网站页面

网页设计是一个复杂而细致的过程，一定要按照先大后小、先简单后复杂的顺序进行。所谓先大后小，是指在制作网页时，先把整体结构设计好，然后逐步完善小的结构设计。先简单后复杂，是指先设计出简单的内容，然后设计复杂的内容，以便出现问题时易于修改。

在制作网页时要多灵活运用模板和库，这样可以大大提高制作效率。如果很多网页都使用相同的版式设计，则应当为版面设计一个模板，然后以此模板为基础创建网页，今后如果想要改变所有网页的版面设计，只需简单地改变模板即可。

（3）网站发布

① 域名的申请

域名是网站在互联网上的名字，有了这个名字，用户才可以在互联网上进行沟通。在全世界没有重复的域名。域名分为国内域名和国际域名两种，由若干个英文字母和数字组成，并用"．"分隔成几部分，如pfc.edu.cn就是一个域名。

域名具有商标性质，是无形资产的象征，对企业来讲格外重要。

② 开通网站空间

开通网站空间可以采用以下两种常见的主机类型。

- 主机托管：将购置的网络服务器托管于网络服务机构，每年支付一定数额的费用。这种方式需要架设一台最基本的服务器，其购置成本可能需要数万元，另外，还需花费一笔相当高的费用来购置配套的软件，聘请技术人员负责网站建设及维护。由于所需费用很高，这种方式不适合中小企业网站。

- 虚拟主机：使用虚拟主机不仅节省了购买相关软硬件设施的费用，公司也无须招聘或培训更多的专业人员，因而其成本也较主机托管低得多。不过，虚拟主机只适合于小型的、结构较简单的网站，对于大型网站来说还是应该采用主机托管的形式，否则其网站管理将十分麻烦。

目前网站存放所采用的操作系统只有两大类，一类是UNIX，另一类是微软的Windows NT和Windows 2003。

③ 网站上传

可以将文件从本地站点上传到远端站点，这通常不会更改文件的取出状态。可以使用文件面板或文档窗口来上传文件。Dreamweaver在传输期间创建文件活动的日志，同时还会记录所有FTP文件的传输活动。如果使用FTP传输文件时出错，则可以借助站点FTP日志来确定问题的所在。

（4）网站推广

互联网的应用和繁荣为我们提供了广阔的电子商务市场和商机，但是互联网上的各种网站数以万计，网站建好以后，如果不进行推广，那么产品与服务在网上仍然不为人所知，起不到建立站点的作用，所以尤其是企业，在建立网站后应立即着手利用各种手段推广自己的网站。推广的主要方法有搜索引擎推广法、电子邮件推广法、资源合作推广法、信息发布推广法、快捷网址推广方法及网络广告推广法等。

知识 3 初识Dreamweaver

Dreamweaver是Adobe公司开发的一款可视化网页设计和网站管理软件。可视化编辑功能可以不需要编写任何代码而快速制作出精彩的网页。Dreamweaver能与其他图形编辑软件紧密结合，协同处理编辑图片，使用起来非常方便。Dreamweaver还支持代码编辑环境，如颜色代码、自动补全和代码折叠等，更便于进行代码编写，同时，它还支持最新的CSS可视化布局。

1. 基本操作

（1）启动Dreamweaver CS5

安装好Dreamweaver CS5后，就可以使用该软件了。启动Dreamweaver CS5软件的方法主要有以下3种。

方法一：通过双击计算机桌面上的Dreamweaver CS5快捷方式图标 启动。

方法二：选择"开始" > "所有程序" > Adobe Dreamweaver CS5命令启动Dreamweaver CS5，如图1-8所示。

图1-8　通过"开始"菜单启动

方法三：通过打开一个Dreamweaver CS5文档启动。

（2）退出Dreamweaver CS5

退出Dreamweaver CS5的方法主要有以下3种。

方法一：选择"文件" > "退出"命令关闭。

方法二：按Ctrl+Q组合键退出。

方法三：单击Dreamweaver CS5操作界面右上角的⊠按钮退出。

2. 工作环境介绍

Dreamweaver CS5的工作界面如图1-9所示。

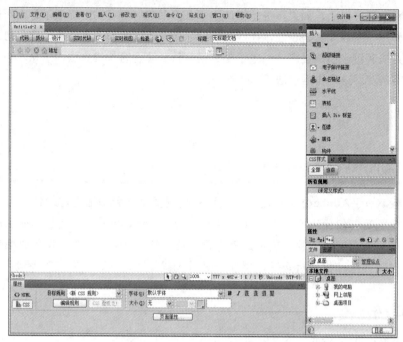

图1-9 Dreamweaver CS5工作界面

（1）菜单栏

菜单栏主要包括"文件"、"编辑"、"查看"、"插入"、"修改"、"格式"、"命令"、"站点"、"窗口"和"帮助"10个菜单项，如图1-10所示。

文件(F) 编辑(E) 查看(V) 插入(I) 修改(M) 格式(O) 命令(C) 站点(S) 窗口(W) 帮助(H)

图1-10 菜单栏

- 文件：用于查看当前文档或对当前文档执行操作。
- 编辑：包括用于基本编辑操作的标准菜单命令。
- 查看：可以设置文档的各种视图（如代码视图和设计视图），还可以显示与隐藏不同类型的页面元素和工具栏。
- 插入：提供了插入栏的扩充选项，用于将合适的对象插入当前的文档中。
- 修改：用于更改选定页面元素或项的属性。使用此菜单，可以编辑标签属性，更改表格和表格元素，并且为库和模板执行不同的操作。
- 格式：可以设置文本的格式。
- 命令：提供对各种命令的访问。
- 站点：用来创建与管理站点。
- 窗口：用来打开与切换所有的面板和窗口。
- 帮助：包括Dreamweaver帮助、技术中心和Dreamweaver帮助的版本说明。

（2）插入栏

插入栏包含用于创建和插入对象的按钮。单击"插入"工具栏的选项卡，可以切换到相应的子工具栏，当光标移到子工具栏上的一个按钮上时，会出现一个工具提示框，显示该按钮的名称。"插入"工具栏如图1-11所示。

图1-11　"插入"工具栏

（3）"属性"面板

"属性"面板用于查看和编辑所选对象的各种属性。"属性"面板可以检查和编辑当前选定页面元素和最常用的属性。"属性"面板的内容根据选定元素的不同会有所不同，如图1-12所示。

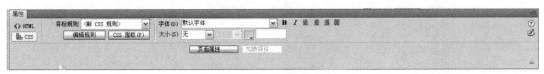

图1-12　"属性"面板

（4）浮动面板

除"属性"面板外的其他面板可以统称为浮动面板，这主要是由面板的特征命名的。每个面板组都可以展开和折叠，并且可以和其他面板组停靠在一起或取消停靠，这些面板都是浮动于编辑窗口之外的。在初次使用Dreamweaver的时候，浮动面板根据功能被分成了若干组，如图1-13所示。

图1-13　浮动面板

（5）文档编辑窗口

当文档编辑窗口最大化时，在左上角会显示一个标签，提示当前文档的名称。在文档编辑窗口内的所有操作都是针对该文档进行的。在文档窗口内可以显示以下3种视图。

- "设计"视图：是可视化编辑和快速应用程序开发的设计环境。在该视图中，Dreamweaver显示文档的完全可编辑的可视化表示形式，类似于在浏览器中查看页面时看到的内容，如图1-14所示。
- "代码"视图：是编辑HTML、JavaScript、服务器语言代码以及其他任何类型代码的手工编码环境，如图1-15所示。

图1-14　"设计"视图

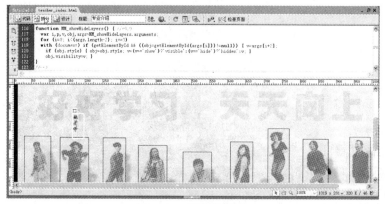

图1-15　"代码"视图

- "拆分"视图：是指在单个窗口中可以同时看到同一文档的"代码"视图和"设计"视图的环境。通过"文档"工具栏上的"视图选项"按钮可以调整这两种视图的上下位置，如图1-16所示。

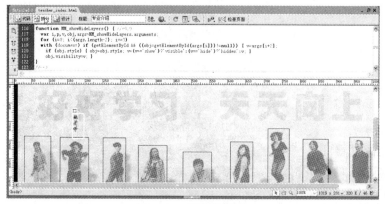

图1-16　"拆分"视图

（6）状态栏

文档编辑窗口的底部就是状态栏。状态栏的左半部分是标签选择器，这个标签选择器对应的是当前文档内选定的对象，因此它在很多时候对于识别和选择对象非常有用。状态栏的右半部分是当前文档的窗口大小、文件大小和下载时间等信息。

模拟制作任务

任务 1 创建欢迎页面

任务背景

某学校需建立一个网站，便于学生、家长、学校和社会之间进行交流，首先需创建一个欢迎页面，创建的页面如图1-17所示。

图1-17 页面创建效果

任务要求

学会新建与保存网页。

重点、难点

新建和保存文件的方法。

【技术要领】新建网页文件；文件名为英文名；保存文件。

【解决问题】设定文件尺寸单位；设定分辨率及色彩模式。

【应用领域】个人网站；博客页面；企业网站。

【素材来源】无。

任务分析

此网页是一个普通的HTML网页，因此只需要新建一个HTML网页，输入相关内容，网页就制作完成了。

操作步骤

新建文件

01 启动Dreamweaver CS5，选择"文件" > "新建"命令或按Ctrl+N组合键，弹出"新建文档"对话框，如图1-18所示。

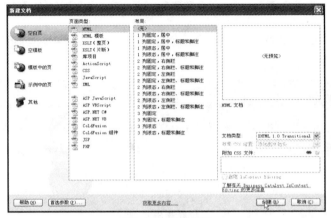

图1-18　新建文档

02 选择"空白页"选项，在"页面类型"列表框中选择"HTML"，在"布局"列表框中选择"无"，单击"创建"按钮，创建一个新的空白文档。

输入文字

03 在新建的文档中输入"欢迎进入北大方正软件技术学院"，如图1-19所示。

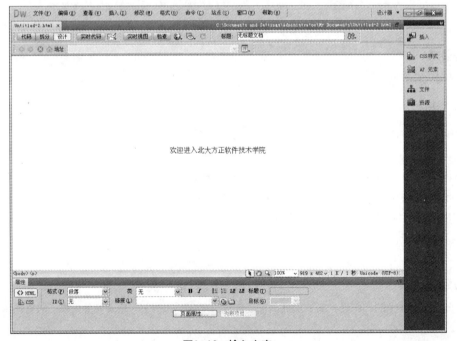

图1-19　输入文字

添加普通文本的方法有三种。

方法一：直接输入文字。

用鼠标单击网页编辑窗口中的空白区域，窗口中会随即出现闪动的光标用以标识输入文字的起始位置；选择适当的输入法输入文字。

方法二：按Ctrl+C组合键复制文字，然后按Ctrl+V组合键粘贴文字。

方法三：从其他文件中导入文本文字。

添加空格

04 将输入法切换到半角状态，按空格键只能输入一个空格。如果需要输入多个连续的空格可以通过以下几种方法来实现。

（1）选择"插入记录">"HTML">"特殊字符">"不换行空格"命令。

（2）直接按 Ctrl+Shift+Space 组合键。

添加日期时间

05 在文档的最后一行插入形式如"2013年4月17日 Wednesday 11:17 AM"所示的日期，且要求每次保存网页时自动更新日期。具体操作过程如下。

（1）切换到"常用"插入工具栏。按Enter键，添加一空行，并将光标放置在空行与正文对齐的最左端。

（2）选择"插入">"日期"命令，如图1-20所示，或者单击"常用"插入栏的"日期"按钮，将弹出"插入日期"对话框。

图1-20　添加时间

（3）在"插入日期"对话框中，在"星期格式"下拉表框中选择"Thursday"，在"日期格式"下拉列表中选择"1974年3月7日"，在"时间格式"下拉表框选取"10:18PM"，如图1-21所示。选择"储存时自动更新"复选框，然后单击"确定"按钮，最后生成的日期效果为当天的日期。

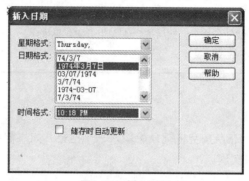

图1-21　插入时间

插入水平线

06 选择"插入" > "HTML" > "水平线"命令，即可在网页中的标题与正文之间插入一条水平线。插入完成后，在属性里设置"居中对齐"，如图1-22所示。

图1-22　插入水平线

在网页中插入图像

使用图像的原则：在保证画质的前提下尽可能使图片的数据量小一些，这样有利于用户快速地浏览网页。

小知识

网页中常用的图片格式如下。

- **GIF格式**

特点：它的图像数据量小，可以带有动画信息，也可以从透明背景显示，但最多只支持256种颜色。

用途：可大量用于网站的图标Logo、广告条Banner及网页背景图像。但是它由于受到颜色的限制，不适合用于照片级的网页图像。

- **JPEG格式**

特点：可以高效地压缩图像的数据量，使图像文件变小的同时基本不丢失颜色画质。

用途：通常用于显示照片等颜色丰富的精美图像。

- **PNG格式**

特点：它是一种逐步流行的网络图像格式，既融合了GIF制作透明背景的特点，又具有JPEG处理精美图像的优点。

---

07 从素材光盘里找到"模块1\素材\最终效果"文件，并选择"插入">"图像"命令，如图1-23所示。

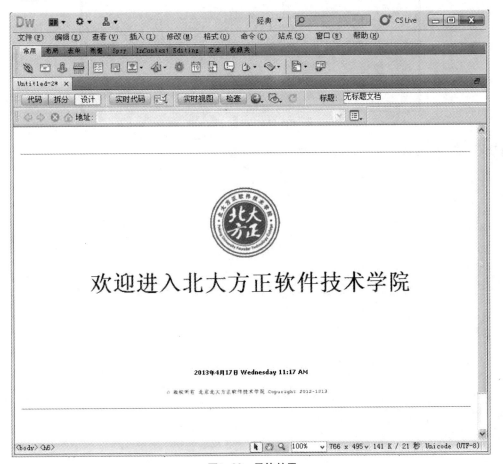

图1-23　最终效果

注意事项如下。

（1）在插入图像前应先保存网页文件，以使插入的图像引用正确位置。

（2）图像插入网页后，应确定图像文件已存入站点，否则在下次打开网页时，会出现看不到图像的情况。

08 选择"文件">"保存"命令，弹出"另存为"对话框，输入文件名welcome.html，如图1-24所示，单击"确定"按钮，保存文件。

图1-24　保存文件

09 按F12键，在浏览器中进行页面预览。

独立实践任务

任务 2 创建某企业网站网页

任务背景	任务要求
某企业需建设一个网站，首先创建一个进入网站的欢迎界面。	使用文字制作欢迎界面，并且欢迎界面要具有吸引力。

【技术要领】Ctrl+N组合键（新建）；Ctrl+J组合键（页面属性）； Ctrl+S组合键（另存为）。

【解决问题】创建网站欢迎界面并保存。

【应用领域】个人网站；企业网站。

【素材来源】无。

任务分析

_____

_____

_____

_____

主要制作步骤

_____

_____

_____

_____

职业技能知识点考核

单选题

1. 因特网属于（　　）。

A. 局域网 　　　　　　　　　　B. 校内网

C. 互联网 　　　　　　　　　　D. 总线网

2. 计算机连上了因特网的一个特征是（　　）。

A. 计算机有网卡

B. 计算机上安装了Modem

C. 计算机有一个IP地址，并且可以访问网络上的其他地址

D. 计算机可以访问局域网中的其他计算机

3. Dreamweaver界面，包括工具栏、快捷键和（　　）。

A. 自定义功能面板 　　　　　　B. 属性面板

C. 代码面板 　　　　　　　　　D. 文件面板

4. 默认的Dreamweaver的设计面板有（　　）种。

A. 2 　　　　　　B. 3 　　　　　　C. 4 　　　　　　D. 5

5. 网页所使用的超文本标记语言的简写是（　　）。

A. HTML 　　　　B. XML 　　　　C. WAP 　　　　D. SGML

Adobe Dreamweaver CS5

模块 02

创建和管理站点

　　创建站点是制作网页的第一步。站点是一系列文档的组合，这些文档之间通过各种链接联系起来。Dreamweaver CS5是站点创建和管理的工具，使用它不仅可以创建单独的文档，还可以创建完整的站点。本模块结合实例，通过创建、删除和编辑站点，方便快捷管理站点及站点内的文件。

能力目标

1. 素材整理与管理
2. 规划站点
3. 创建站点
4. 管理站点

知识目标

1. 站点的概念
2. 存储素材的文件夹命名规则
3. 网站目录规范

学时分配

2课时（讲课1课时，实践1课时）

模拟制作任务

任务 1 素材收集与规划站点结构

任务背景

某学校为了让社会、企业、家长、老师和学生之间有更好的沟通，需建立"师生作品展示平台"网站，通过网站来展示教师与学生的学习生活等情况。在建立网站之前，需要收集相关素材，并规划站点结构，如图2-1所示。

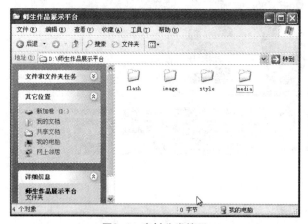

图2-1　素材分类管理

任务要求

收集适合网站内容的素材，并对素材分类管理；合理规划站点结构，方便以后网站的制作。

重点、难点

1. 站点结构规划。
2. 素材分类。

【技术要领】素材分类、结构规划。

【解决问题】依据"网站目录规范"将不同素材进行分类整理并放置到相关管理目录中，根据网站主题，对网站内容结构层次进行规划。

【应用领域】个人网站；企业网站。

任务分析

设计者对网站进行分析，并在建站之前准备相关资料（文字资料、图片资料、动画素材以及其他多媒体元素）。为了养成良好的素材管理习惯，要对收集到的素材进行分类，通过建立文件夹管理素材，然后根据网站主题规划站点结构。

操作步骤

网站目录结构

01 依据 "网站目录规范"❶（注：此序号与"知识点拓展"中的序号❶相对应），规划网站目录结构，并建立相应文件夹，如图2-2所示。

02 将收集的素材进行分类，按照"网站目录规范"，放置到相关文件夹中。

规划网站结构

03 根据"师生作品展示平台"的使用范围与用途，设计导航草图，如图2-3所示。

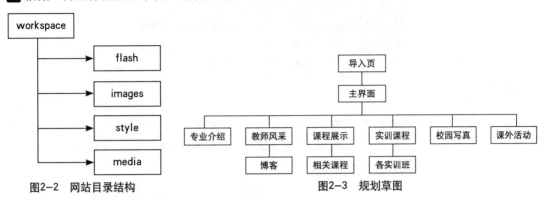

图2-2　网站目录结构　　　　　　　　图2-3　规划草图

任务 2　创建站点

任务背景

在建立"师生作品展示平台"网站之前，需要创建一个站点，对站点内的所有素材与网页进行管理。

任务要求

便于对网站内所有素材与网页进行管理。

重点、难点

建立站点设置的选择。

【技术要领】建立站点设置的选择。

【解决问题】根据每步的建站向导提示选择合适的选项。

【应用领域】个人网站；企业网站。

【素材来源】无。

任务分析

在规划好站点结构之后，使用Dreamweaver CS5定义站点并建立目标结构，在本地磁盘上定义的站点可自由编辑和修改。

操作步骤

启动Dreamweaver CS5

01 选择"开始"＞"程序"＞Adobe Dreamweaver CS5命令，启动Dreamweaver CS5软件，如图2-4所示。

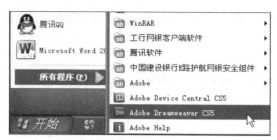

图2-4　启动Dreamweaver CS5软件

建立站点

02 选择"站点" **②** > "管理站点"命令，如图2-5所示，或者展开"文件"面板组，单击"文件"面板中的"管理站点"超链接，弹出"管理站点" **③** 对话框，单击"新建"按钮，如图2-6所示，弹出快捷菜单。

图2-5　选择"管理站点"命令

图2-6　"管理站点"对话框

03 选择"站点"命令，弹出"站点设置对象"对话框，在"站点"选项卡的站点名称输入框中输入站点名称"workspace"，如图2-7所示。

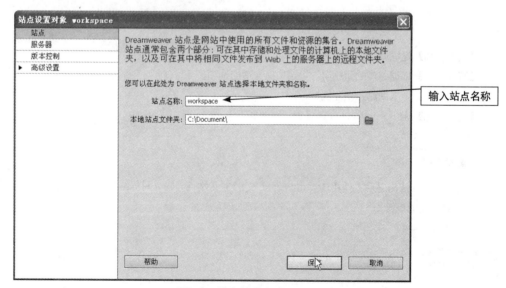

图2-7　输入站点名称

04 单击"本地站点文件夹"右面的"浏览文件夹" 📁 按钮，创建站点位置，如图2-8所示。

05 选择完创建站点的位置后，单击"保存"按钮，如图2-9所示，完成建立站点任务。

图2-8 创建站点位置

图2-9 创建站点后保存

任务 3 管理站点

任务背景

在建立站点时，不小心将其配置设置错误，为了确保信息准确，要对站点错误信息进行修改。

任务要求

修改要做到准确、快速。

重点、难点

修改站点信息。

【技术要领】修改站点信息。

【解决问题】通过"管理站点"命令修改站点信息。

【应用领域】个人网站；企业网站。

【素材来源】无。

任务分析

通过"管理站点"命令进行站点信息的修改。

操作步骤

修改站点名称

01 选择"站点">"管理站点"命令，弹出"管理站点"对话框，选择要编辑的站点，如workspcae站点，单击"编辑"按钮，如图2-10所示。

图2-10 "管理站点"对话框

02 弹出"站点设置对象workspcae"对话框，将输错的名字"workspcae"修改为"workspace"，如图2-11所示。

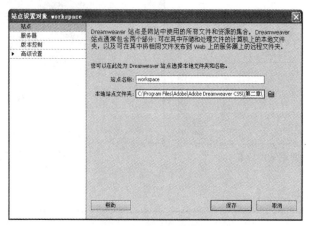

图2-11　修改后的名称

删除已有的站点

03 选择"站点"＞"管理站点"命令，弹出"管理站点"对话框，选择要删除的站点，如pfc站点，如图2-12所示，单击"删除"按钮，弹出信息提示对话框，单击"是"按钮，即可删除pfc站点，如图2-13所示，删除完后所显示的站点，如图2-14所示。

图2-12　选择要删除的站点

图2-13　删除提示对话框

图2-14　删除完成对话框

 知识点拓展

❶ 网站目录规范

目录建立的原则是以最少的层次提供最清晰简便的访问结构。

（1）目录以英文命名，名字不要太长，便于后期制作引用。根目录是指DNS域名服务器指向的索引文件的存放目录。根目录只允许存放index.html、default.html和main.html文件，以及其他必需的系统文件。

（2）每个一级栏目存放于独立的目录。

（3）每个主要功能（主菜单）建立一个相应的独立目录（例如，peixun）。

（4）当页面超过20页，每个页面目录下存放各自独立的images目录，共用的图片放在根目录下的images目录下。

（5）所有的JavaScript等脚本文件存放在根目录下的script或includes目录中（文件少时放在images下）。

<script language="JavaScript" type="text/JavaScript" src="menu.js"></script>

（6）所有的CSS文件存放在根目录下的style目录中（文件少时放在images下）。

（7）如果有多个语言版本，最好分别位于不同的服务器上或存放于不同的目录中。

（8）共同的Flash、avi、ram、quicktime 等多媒体文件建议存放在根目录下的media目录中，如果属于各栏目下面的媒体文件，分别在该栏目目录下建立media目录（文件少时放在images下）。

❷ 站点

在 Dreamweaver 中，"站点"一词既表示Web站点，又表示属于Web站点的文档的本地存储位置。在开始构建 Web 站点之前，需要建立站点文档的本地存储位置。Dreamweaver站点可以组织与 Web 站点相关的所有文档、跟踪并维护链接、管理文件、共享文件以及将站点文件传输到 Web 服务器。Dreamweaver 站点最多由3部分组成，具体取决于用户的计算机环境和所开发的 Web 站点的类型。

- 本地文件夹是用户的工作目录，Dreamweaver 将此文件夹称为本地站点。本地文件夹通常是硬盘上的一个文件夹。
- 远程文件夹是存储文件的位置，这些文件用于测试、生产、协作和发布等，具体取决于用户的环境。Dreamweaver 将此文件夹称为远程站点。远程文件夹是计算机上运行 Web 服务器的某个文件夹。运行 Web 服务器的计算机通常是（但不总是）使用户的站点可以在 Web 上公开访问的计算机。
- 动态页文件夹（测试服务器文件夹）是 Dreamweaver 用于处理动态页的文件夹。此文件夹与远程文件夹通常是同一文件夹。除非是在开发 Web 应用程序，否则无须考虑此文件夹。

❸ "管理站点"对话框中各选项含义说明

在"管理站点"对话框中，可进行添加和删除站点、编辑站点、复制站点、导入和导出站点等，对话框中各选项功能说明如表2-1所示。

表2-1 "管理站点"对话框中各选项功能说明

选项	说明
新建	重新建立一个本地和远程站点
编辑	对已经建立的站点进行修改
复制	对已经建立的站点进行复制
删除	删除已经建立的站点，但不影响站点中的网页内容
导出	将已经建立的站点内容导出到别的文件夹中，导出的文件以.ste为扩展名
导入	将导出的站点导入到本地管理站点中

独立实践任务

任务 4 规划企业网站

任务背景

某公司因业务扩大，为了更好地宣传本公司，以吸引其他企业来合作，欲建立一个企业网站。

任务要求

对"企业网站"进行站点的规划、设计导航草图并创建站点。

【技术要领】站点建立、规划。

【解决问题】通过"管理站点"命令进行站点管理。

【应用领域】企业网站。

【素材来源】无。

任务分析

主要制作步骤

职业技能知识点考核

一、单选题

1. 下面关于设计网站结构的说法错误的是（　　　）。

A. 按照模块功能的不同，分别创建网页，将相关的网页放在一个目录中

B. 必要时应当建立子目录

C. 尽量将图像和动画文件放在一个目录中

D. "本地文件"和"远程站点"最好不要使用相同的结构

2. Dreamweaver的"站点"菜单中，"获取"表示（　　　）。

A. 将选定文件从远程站点传输至本地文件夹

B. 断开FTP连接

C. 将远程站点中选定文件标注为"隔离"

D. 将选定文件从本地文件夹传输至远程站点

二、多选题

1. 下列关于站点设置的说法正确的是（　　　）。

A. Web 站点是一组具有共享属性（如相关主题、类似的设计或共同目的）的链接文档和资源

B. Dreamweaver CS5是一个站点创建和管理工具，因此使用它不仅可以创建单独的文档，还可以创建完整的 Web 站点

C. 创建 Web 站点的第一步是规划。为了达到最佳效果，在创建任何 Web 站点页面之前，应对站点的结构进行设计和规划

D. 如果在 Web 服务器上已经具有一个站点，则可以使用 Dreamweaver 来编辑该站点

2. Dreamweaver 站点由3部分组成，具体取决于开发环境和所开发的 Web 站点类型，这3部分分别是（　　　）。

A. 本地文件夹　　　　　　　B. 远程文件夹

C. 测试服务器文件夹　　　　D. 图片素材文件夹

3. 若要设置Dreamweaver从"文档"窗口使用服务器，需要执行以下（　　　）操作。

A. 选择"站点" > "管理站点"命令

B. 单击"新建"按钮，然后选择"FTP 与 RDS 服务器"命令

C. 设置"配置服务器"对话框的内容

D. 单击"确定"按钮

三、判断题

1. Dreamweaver站点报告使开发者可以改进工作流程，但不能对站点中的 HTML 属性进行测试。（　　）

　　A. 正确　　　　　　　　　　B. 错误

2. 文档的编码方式确定如何在浏览器中显示文档。Dreamweaver字体首选参数使用户能够以喜爱的字体和大小查看给定的编码，而不影响其他人在浏览器中查看文档的显示方式。（　　）

　　A. 正确　　　　　　　　　　B. 错误

3. Dreamweaver 站点提供了一种组织所有与 Web 站点关联的文档的方法。通过在站点中组织文件，可以利用 Dreamweaver 将站点上传到 Web 服务器、自动跟踪和维护链接、管理文件以及共享文件。（　　）

　　A. 正确　　　　　　　　　　B. 错误

Adobe Dreamweaver CS5

模块 03

规划网页布局

　　表格是网页中用途非常广泛的工具，除了排列数据和图像外，更多的用途是用于网页布局。Dreamweaver为读者提供了强大的表格编辑功能，利用表格可以实现各种不同的布局方式。本模块通过3个任务详细讲述表格布局网页的应用，以及插入表格和设置表格属性、选择表格、编辑表格和单元格的使用。通过本模块的学习，读者可以全面了解表格的基本知识并能运用表格布局网页。

能力目标

1. 使用Fireworks软件切图
2. 建立表格
3. 表格大小的调整，表格边框、合并、拆分等属性的设置
4. 图片插入及属性设置
5. 文字录入及排版
6. 图文混排

知识目标

1. 了解切图的技巧
2. 表格设置的知识
3. 图文混排的知识

学时分配

10课时（讲课4课时，实践6课时）

模拟制作任务

任务 1 制作导入页

任务背景

为了加强社会、教师及学生之间的交流，某学校要建立"师生作品展示平台"网站，该网站包括首页、专业介绍、教师风采、课程展示、实训课程、校园写真、设计欣赏及课外活动部分。通过展示平台，师生之间可以互相了解、互相沟通，起到很好的桥梁作用。为此，首先需创建一个导入页，与浏览者进行互动，如图3-1所示。

图3-1 "师生作品展示平台"网站导入页

任务要求

为更好地体现"师生作品展示平台"，需要为网站制作一个吸引浏览者的导入页，从而给浏览者留下深刻的印象，并提高网站的浏览量。

重点、难点

1. Fireworks切图。
2. 使用表格布局的设置。

【技术要领】Fireworks切图。

【解决问题】为了提高网页的浏览速度，往往要把大图切成小图。

【应用领域】个人网站；企业网站。

【素材来源】模块3\素材\3.1。

任务分析

在设计之前对社会、教师和学生的需求进行详细的分析，并定位网站内容。为吸引浏览者，可以使用图片制作导入页，首先使用Photoshop设计好导入页效果图，然后使用Fireworks切图，最后使用表格布局，并把切好的图片置入网页内。

操作步骤

Fireworks切图

01 选择"开始">"所有程序"> Adobe > Adobe Fireworks CS5命令，启动Fireworks软件，如图3-2和图3-3所示。

图3-2 打开Fireworks软件

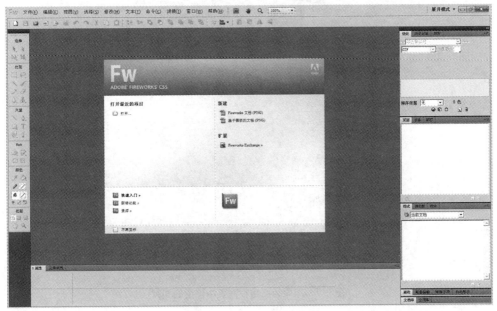

图3-3 Fireworks软件界面

02 选择"文件">"打开"命令，弹出"打开"对话框，从"模块3\素材\3.1"文件夹中选择用Photoshop处理好的"首页"效果图，单击"打开"按钮，如图3-4所示。

03 选择工具栏中的"切片"❶工具，如图3-5所示。

图3-4 "打开"对话框

图3-5 选择"切片"工具

04 使用"切片"工具，根据切图技巧❷，在效果图上切出要在网页中使用的图片，如图3-6和图3-7所示。

图3-6　蓝显为选中区域

图3-7　绿显为切出在网页中使用的图片

05 选择"文件">"导出"命令，如图3-8所示。弹出"导出"对话框，如图3-9所示。输入文件名"index.jpg"，将"导出"设置为"仅图像"，"切片"设置为"导出切片"，并选中"仅已选切片"复选框，然后单击"保存"按钮，在保存位置就会出现切片图片，如图3-10所示。

图3-8　选择"导出"命令

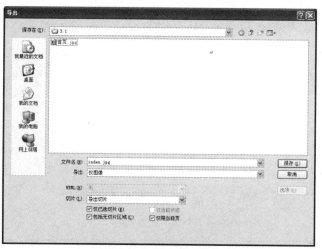

图3-9　"导出"对话框

图3-10 在文件夹中出现导出的图片

新建HTML文档

06 启动Dreamweaver CS5软件，选择"文件">"新建"命令，弹出"新建文档"对话框，选择"空白页"选项，在"页面类型"列表框中选择HTML选项，在"布局"列表框中选择"无"选项，单击"创建"按钮，创建HTML新文档，如图3-11所示。

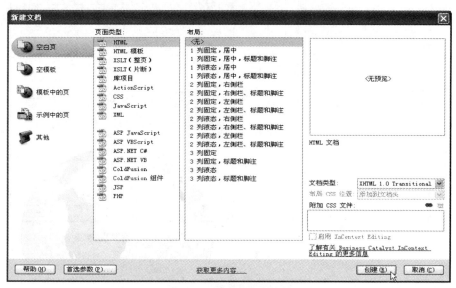

图3-11 创建HTML新文档

07 选择"文件">"保存"命令，弹出"另存为"对话框，文件命名为index.html，单击"保存"按钮，如图3-12所示。

图3-12 "另存为"对话框

创建表格

08 选择 "插入" > "表格"命令，如图3-13所示。弹出"表格"对话框，设置"行数"为
"3"，"列"为"3"，"表格宽度"为"1024"像素，"边框粗细"为"0"像素，"单
元格边距"为"0"、"单元格间距"为"0"，然后单击"确定"按钮，如图3-14所示。

图3-13 选择"表格"命令

图3-14 设置表格属性

添加图片

09 将光标置入表格第2行第2列位置，如图3-15所示，选择 "插入" > "图像"命令，如图3-16
所示。弹出"选择图像源文件"对话框，选择"模块3\素材\3.1"文件夹中的index.jpg图
片，如图3-17所示。单击"确定"按钮，插入图片，效果如图3-18所示。

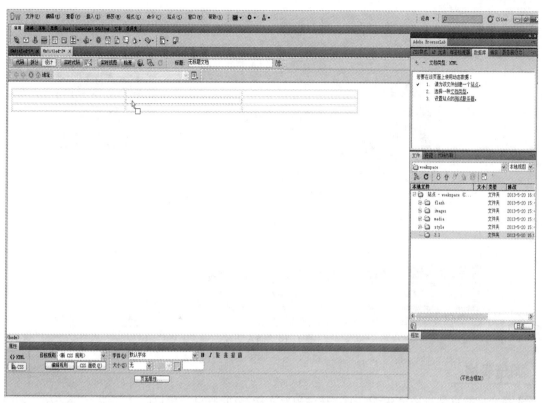

图3-15 将光标置入表格

图3-16 选择"图像"命令

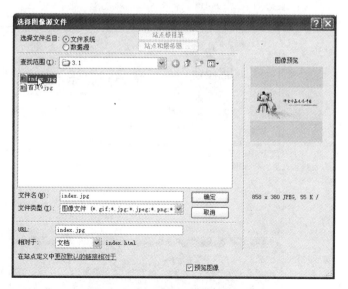

图3-17 选择图像源文件index.jpg图片

图3-18 插入图片

调整表格

10 将光标放置到表格第3行第3列，按住鼠标左键拖动到第1行第1列，以选中全部表格，如图
3-19所示。然后设置表格属性❸，"背景颜色"设置为"#E2E4E1"，如图3-20所示。将光
标移动到表格外边框上，当出现 ⊞ 标志时，单击以选中整个表格，然后设置表格属性，
"对齐"设置为"居中对齐"，如图3-21所示。

图3-19 选择表格

图3-20 设置背景颜色属性

图3-21 设置对齐属性

11 将光标放置在表格内边框上,当出现 ⊹ 或 ╪ 标志时,调整表格列宽与行高,如图3-22所示。
将光标放置在表格外边框控制点上,当出现 ↔ 或 ↕ 标志时,调整表格的宽度与高度,如图3-23所示。调整表格后的效果如图3-24所示。

图3-22 调整表格列宽

图3-23 调整表格的高度

图3-24 调整后效果

12 将光标置于表格外，在"属性"面板中单击"页面属性"按钮，如图3-25所示。弹出"页面属性"对话框，在"分类"列表框中选择"外观(HTML)"选项，将"背景"设置为"#E2E4E1"，"上边距"设置为"30"，如图3-26所示，单击"确定"按钮。

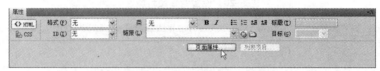

图3-25 单击"页面属性"按钮

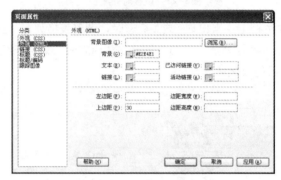

图3-26 设置外观参数

13 按F12键，浏览网页，弹出"是否将改动保存到index.html"信息提示对话框，单击"是"按钮，如图3-27所示。浏览网页效果如图3-28所示。

图3-27 信息提示对话框

图3-28 浏览网页效果

任务 2 制作banner图与导航条

任务背景

在建立的"师生作品展示平台"网站中有很多页面，在页面之间浏览很麻烦，不能明确网页的位置，比较混乱。为此需制作一个banner图与导航条，如图3-29所示。

图3-29 banner图和导航条效果图

任务要求

为使浏览者方便浏览网站，同时吸引浏览者，要求制作的banner图美观大方，制作的导航条可以便于引导浏览者浏览网页。

重点、难点

1. Fireworks切图。
2. 使用表格布局的设置。

【技术要领】表格布局。

【解决问题】表格宽度要一致。

【应用领域】个人网站；企业网站。

【素材来源】模块3\素材\3.2。

任务分析

在设计之前对网站进行分析，确定导航条的内容，使用Photoshop制作效果图，使用Fireworks切图，在表格中对图片定位，制作banner图与导航条。

操作步骤

Fireworks切图

01 启动Fireworks软件。

02 选择"文件" > "打开"命令，弹出"打开"对话框，从"模块3\素材\3.2"文件夹中选择用Photoshop处理好的"首页空白"效果图，单击"打开"按钮，如图3-30所示。

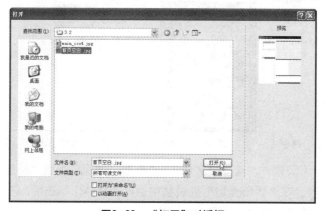

图3-30 "打开"对话框

03 选择工具栏中的"切片"工具，如图3-31所示。

04 使用"切片"工具，在效果图上切出在网页中使用的图片，如图3-32所示。

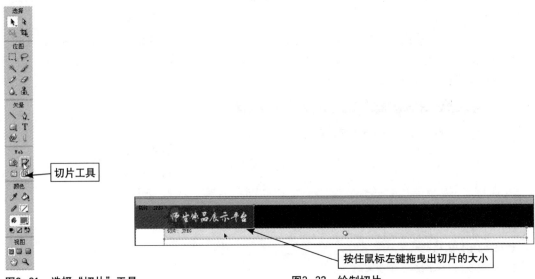

图3-31 选择"切片"工具　　　　　　　　　　图3-32 绘制切片

05 选择"文件">"导出"命令，如图3-33所示。弹出"导出"对话框，在"导出"对话框中选择文件保存的位置，并将"文件"命名为main.jpg，"导出"设置为"仅图像"，"切片"设置为"导出切片"，并选中"仅已选切片"复选框，单击"保存"按钮，则在保存位置出现切片图片，文件名为main_r1_c1.jpg和main_r2_c2.jpg，如图3-34所示。

图3-33 选择"导出"命令　　　　　图3-34 文件名为main_r1_c1.jpg和main_r2_c2.jpg的切片图片

06 打开Dreamweaver CS5软件，选择"文件">"新建"命令，弹出"新建文档"对话框，选择"空白页"选项，在"页面类型"列表框中选择"HTML"选项，在"布局"列表框中选择"无"选项，单击"创建"按钮，创建HTML新文档，如图3-35所示。

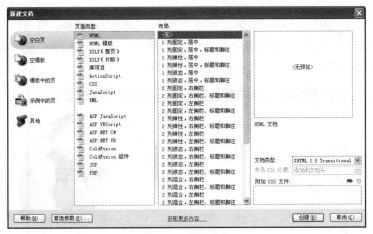

图3-35 新建文档

07 选择"文件">"保存"命令，弹出"另存为"对话框，将文件命名为"main.html"，单击"保存"按钮，如图3-36所示。

图3-36 另存为文件名为"main.html"

创建表格

08 选择 "插入">"表格"命令，弹出"表格"对话框，然后设置表格的"行数"为"1"，"列"为"3"，"表格宽度"为"1024"像素，"边框粗细"为"0"像素，"单元格边距"和"单元格间距"均为"0"，单击"确定"按钮，如图3-37所示。

图3-37 设置表格属性

添加图片

09 将光标置于表格第1列，选择 "插入" > "图像"命令，弹出"选择图像源文件"对话框，选择"模块3\素材\3.2\main_r1_c1.jpg"图片，如图3-38所示。

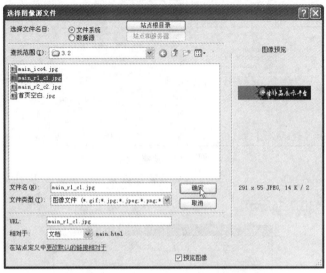

图3-38 选择main_r1_c1.jpg图片

10 将光标置于表格第2列，如图3-39所示，然后设置单元格属性❹，在"属性"面板中设置"背景颜色"为"#1E1F23"，如图3-40所示；将光标置于表格第3列，设置"背景颜色"为"#1E1F23"，并输入"北京北大方正软件技术学院 网络传播与电子出版"文字，再选择"CSS"选项，设置"大小"为"14px"，在弹出的窗口中设置选择器名称为".p1"，然后继续设置文本颜色为"#FFF"，如图3-41所示。设置后效果如图3-42所示。

图3-39 光标置于表格第2列

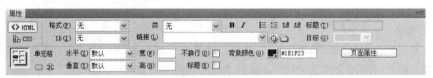

图3-40 设置背景颜色

图3-41 设置文字属性

图3-42 设置后的效果

调整表格

11 将光标置于表格外边框上，单击选中表格，设置"对齐"为"居中对齐"，如图3-43所示。将光标置于表格外单击，如图3-44所示。再单击"页面属性"按钮，如图3-45所示。弹出"页面属性"对话框，选择"分类"列表框中的"外观(HTML)"选项，然后设置"外观(HTML)"中的"上边距"为"0"，如图3-46所示。单击"确定"按钮，此时banner图顶端对齐。调整表格大小以适应banner的大小，调整后效果如图3-47所示。

图3-43 设置"对齐"为"居中对齐"

图3-44 光标置于表格外

图3-45 单击"页面属性"按钮

图3-46 外观设置

图3-47 调整后的效果

添加表格

12 将光标置于表格外，选择"插入">"表格"命令，弹出"表格"对话框，设置"行数"为"1"，"列"为"1"，"表格宽度"为"1024"像素，"边框粗细"为"0"像素，"单元格边距"为"0"，"单元格间距"为"0"，单击"确定"按钮，如图3-48所示。选中整个表格，在"属性"面板中，设置"对齐"为"居中对齐"，如图3-49所示。表格效果如图3-50所示。

图3—48　设置表格属性

图3—49　"属性"面板设置

图3—50　预览效果

13 将光标置入表格内，如图3-51所示，选择 "插入" > "表格" 命令，弹出 "表格" 对话框，设置 "行数" 为 "1"，"列" 为 "8"，"表格宽度" 为 "887" 像素，"边框粗细" 为 "0" 像素，"单元格边距" 为 "0"，"单元格间距" 为 "0"，单击 "确定" 按钮，效果如图3-52所示。

置入表格内

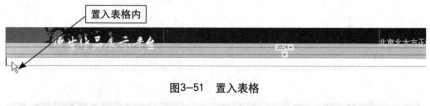

图3—51　置入表格

图3—52　预览效果

14 选中整个表格，在 "属性" 面板中，设置 "对齐" 为 "居中对齐"，如图3-53所示。切换到 "代码" 视图，在代码 "table width="887" border="0" align="center" cellpadding="0" cellspacing="0"" 后敲一个空格，在弹出的菜单中选择 "background"，单击 "浏览" 按钮 浏览... ，在弹出的 "选择文件" 对话框中选择 "模块3\素材\3.2\main_r2_c2.jpg" 图片，单击 "确定" 按钮，如图3-54所示。切换到 "设计" 视图，将光标置于表格边框上，出现 标志，调整表格高度，让图片全部显示出来，如图3-55所示。

图3-53 "属性"面板设置

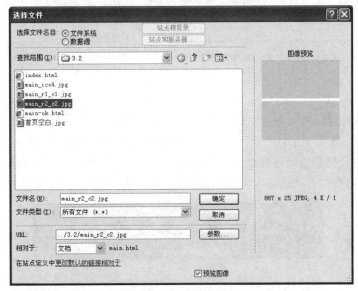

图3-54 选择main_r2_c2.jpg图片

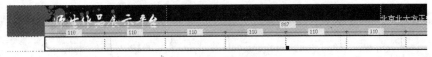

图3-55 调整后效果

15 将光标置于表格的第1列内,选择"插入">"表格"命令,弹出"表格"对话框,设置 "行数"为"1","列"为"2","表格宽度"为"80"像素,"边框粗细"为"0"像 素,"单元格边距"为"0","单元格间距"为"0",单击"确定"按钮,如图3-56和 图3-57所示。选中整个表格,在"属性"面板中设置"对齐"为"居中对齐",效果如图 3-58所示。

图3-56 光标置于表格的第1列内

图3-57 设置表格属性

16 将光标置于表格第1列，如图3-59所示，选择"插入">"图像"命令，弹出"选择图像源文件"对话框，选择"模块3\素材\3.2\main_ico4.jpg"图片。

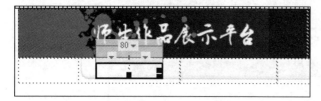 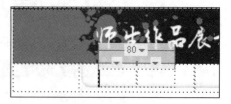

图3-58 设置"对齐"为"居中对齐"   图3-59 光标置于表格第1列

输入文字

17 将光标置于表格第2列，输入"首页"文字，如图3-60所示，设置"属性"面板，切换到"CSS"选项，设置"字体"为Verdana，在弹出的窗口中设置选择器名称为".p2"，单击"确定"按钮，然后继续设置"大小"为"14"，"文本颜色"为"#000000"，"水平"设置为"居中对齐"，如图3-61所示，效果如图3-62所示。

图3-60 输入"首页"文字

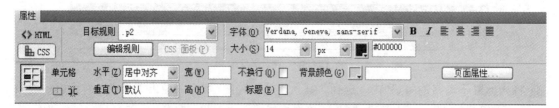

图3-61 设置"首页"文字属性

图3-62 "首页"文字设置效果

18 重复步骤15～17，在每一列输入不同的内容，最终效果如图3-63所示。

图3-63 预览效果

19 选择"文件">"保存"命令保存网页，按F12键预览网页。

任务 **3** 制作"专业介绍"网页

任务背景

在建立的"师生作品展示平台"网站上，有"专业介绍"网页，现需设计制作"专业介绍"网页，该网页中包括专业图片与专业介绍文字，效果如图3-64所示。

图3-64 "专业介绍"网页效果图

任务要求

要求文字格式统一，并使用图文混排、特殊符号添加等技术。

重点、难点

1. 图文混排技术。
2. 表格布局。
3. 文字排版。

【技术要领】图文混排、文字排版。

【解决问题】图片属性设置。

【应用领域】个人网站；企业网站。

【素材来源】模块3\素材\3.3。

任务分析

该网页使用文字、图片混排技术，结合表格布局使用，可更好地控制网页内容。

操作步骤

添加表格

01 选择"文件">"打开"命令，弹出"打开"对话框，在"模块3\素材\3.3"文件夹中选择文件名为intro.html的网页，单击"打开"按钮，打开网页，如图3-65和图3-66所示。

图3-65 选择intro.html网页

图3-66　打开的网页

02　将光标置于表格外，如图3-67所示，选择"插入">"表格"命令，弹出"表格"对话框，
　　设置表格属性，"行数"为"2"，"列"为"1"，"表格宽度"为"1024"像素，"边
　　框粗细"为"0"像素，"单元格边距"为"0"，"单元格间距"为"0"，如图3-68所
　　示，单击"确定"按钮。

图3-67　光标置于表格外

图3-68　设置表格属性

03　选中整个表格，如图3-69所示，选择"窗口">"属性"命令，打开"属性"面板，设置
　　"对齐"为"居中对齐"，如图3-70所示。将光标放在表格第2行，按住鼠标左键向上拖动
　　以选择表格，设置"背景颜色"为"#FFFFFF"，如图3-71所示，效果如图3-72所示。

图3-69　选中表格

图3-70　设置"属性"面板

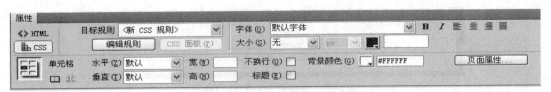

图3-71 设置背景颜色

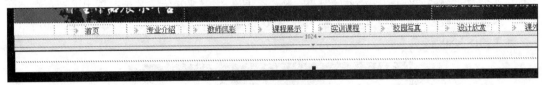

图3-72 设置后效果

04 将光标置于表格第1行的位置，如图3-73所示，选择"插入">"表格"命令，弹出"表格"对话框，设置表格属性，"行数"为"1"，"列"为"2"，"表格宽度"为"890"像素，"边框粗细"为"0"像素，"单元格边距"和"单元格间距"均为"0"，单击"确定"按钮，效果如图3-74所示。

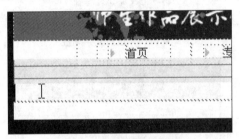

图3-73 光标置于第1行

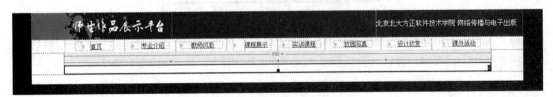

图3-74 插入表格后的效果

05 选择表格，在"属性"面板中进行设置，设置"对齐"为"居中对齐"，效果如图3-75所示。将光标置于单元格边框上，出现双向箭头标志，如图3-76所示，调整单元格宽度，效果如图3-77所示。

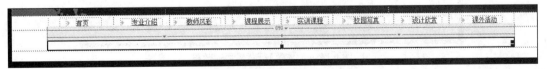

图3-75 表格居中对齐的效果

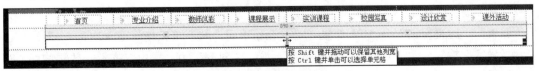

图3-76 调整单元格宽度

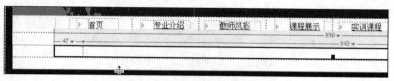

图3-77　调整单元格宽度后的效果

06 将光标置于第2列位置，如图3-78所示，输入"首页>>专业介绍"文字，选中文字，然后在"属性"面板中，设置"文本颜色"为"#000000"，"大小"为"12"，如图3-79所示，效果如图3-80所示。

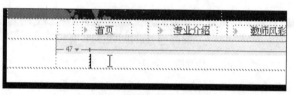

图3-78　光标置于第2列位置

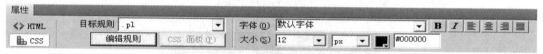

图3-79　设置文字属性

图3-80　设置"首页>>专业介绍"文字后的效果

07 将光标置于表格第1行最左端边框上，出现￥光标，如图3-81所示，单击选中表格的第1行，在"属性"面板中，设置"背景颜色"为"#ECEEED"，效果如图3-82所示。

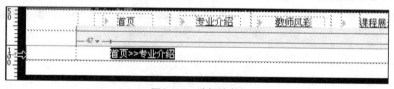

图3-81　选择表格

图3-82　设置第1行背景后的效果

08 将光标置于表格第2行，如图3-83所示，选择"插入">"表格"命令，弹出"表格"对话框，设置表格属性，设置"行数"为"1"，"列"为"3"，"表格宽度"为"890"像素，"边框粗细"为"0"像素，"单元格边距"和"单元格间距"均为"0"，单击"确定"按钮，然后在"属性"面板中，设置"对齐"为"居中对齐"，效果如图3-84所示。

图3-83　光标置于表格第2行中

图3-84　设置表格第2行后的效果

添加文字

09 将光标置于单元格边框上，调整每列宽度，如图3-85所示。然后将光标置于第2列，输入专业介绍的相关文字，效果如图3-86所示。

图3-85　调整表格宽度

图3-86　输入文字

10 选中"计算机应用技术（网络传播与电子出版）"文字，在"属性"面板中，设置"目标规则"为"内联样式"，设置"大小"为"18"，单击"加粗"和"居中"按钮，如图3-87所示。分别选中文字"培养目标"、"专业介绍"、"专业特色"，在"属性"面板中，设置"目标规则"为"内联样式"，设置字体"大小"为"14"，单击"加粗"和"左对齐"按钮，效果如图3-88所示。

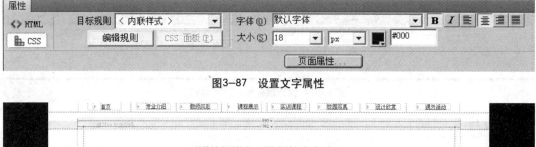

图3-87 设置文字属性

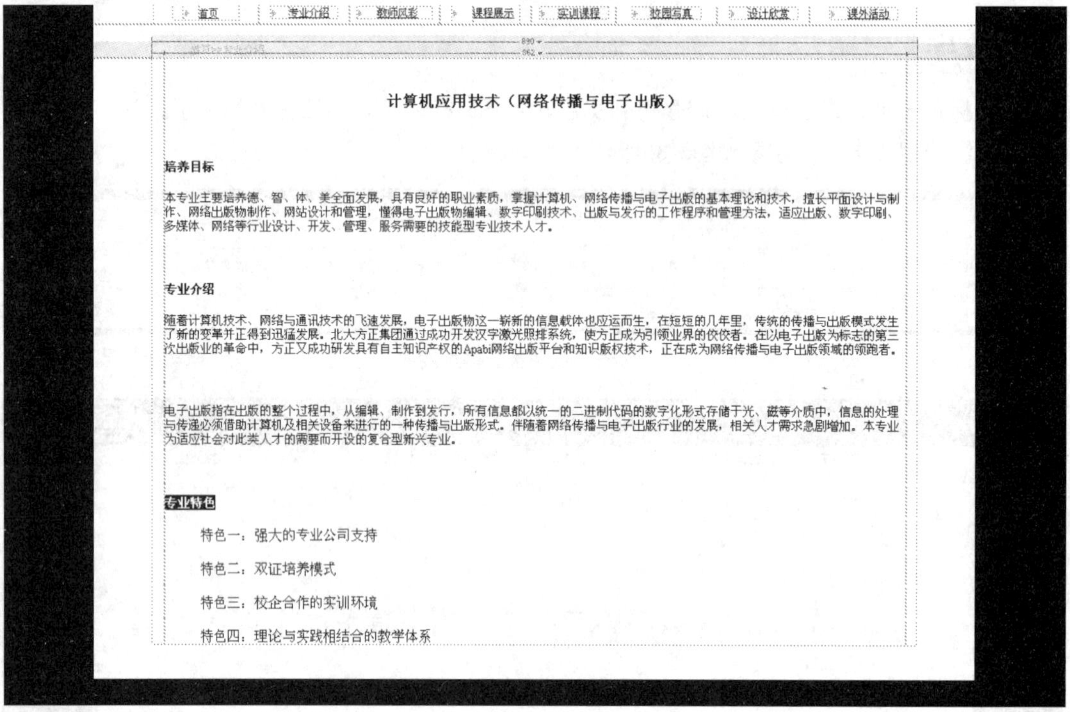

图3-88 文字设置后的效果

11 选中所有文字，选择"属性"面板中的"HTML"选项，单击"内缩区块"按钮，如图3-89所示。文本缩进后的效果如图3-90所示。

图3-89 设置文本缩进

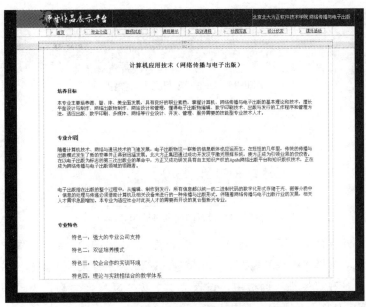

图3-90　预览效果

12 将光标置于标题文字"培养目标"后，选择"插入" > "HTML" > "水平线"命令，如图3-91所示。依次在各标题后插入水平线，效果如图3-92所示。

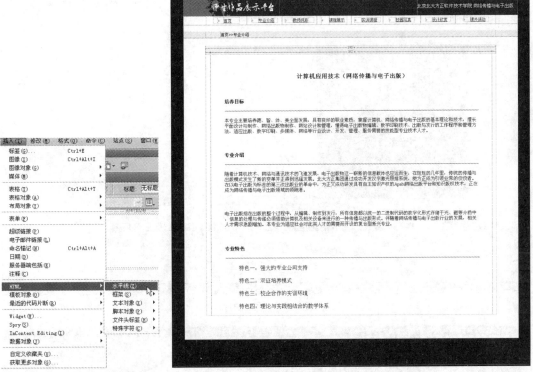

图3-91　选择"水平线"命令　　　　图3-92　插入水平线后的效果

13 选择"专业特色"标题下的所有文字，单击"属性"面板上的"项目列表"按钮，如图3-93所示，设置效果如图3-94所示。

图3-93 单击"项目列表"按钮

图3-94 设置项目列表后的效果

14 将光标置于"专业介绍"正文开始处，选择 "插入">"图像"命令，弹出"选择图像源文件"对话框，选择"模块3\素材\3.3\intro_yang.jpg"图片文件，添加图片，如图3-95所示。选中图片，在"属性"面板中，设置"宽"为"80"，"高"为"80"，"水平边距"为"10"，如图3-96所示，效果如图3-97所示。

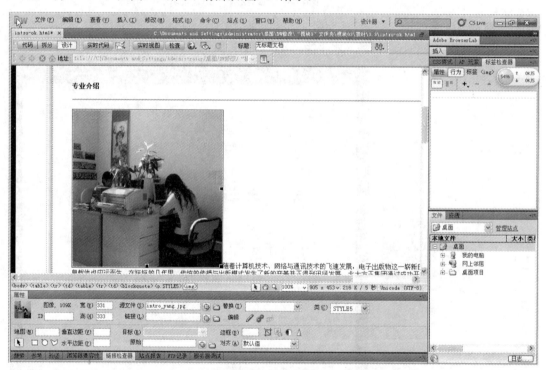

图3-95 插入图片

图3-96 设置图片属性

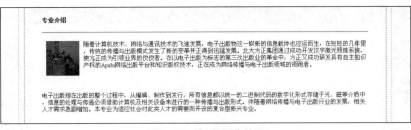

图3-97　第1段预览效果

15 将光标置于第2段开始处，选择 "插入" > "图像" 命令，弹出 "选择图像源文件" 对话框，选择 "模块3\素材\3.3\intro_sx.jpg" 图片进行添加，然后选中图片，在 "属性" 面板中，设置 "宽" 为 "80"， "高" 为 "80"， "对齐" 为 "右对齐"，效果如图3-98所示。

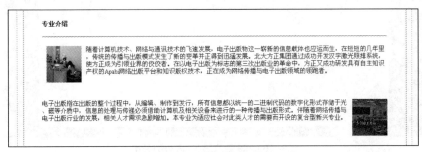

图3-98　第2段预览效果

16 将光标置于表格的第1列，如图3-99所示，切换到 "拆分" 视图，在代码 "<td width="XX"" 后输入 "background="intro_bak1.jpg""，再将光标置于本表格的第3列，在代码 "<td width="XX"" 后输入 "background="intro_bak1.jpg""，效果如图3-100所示。

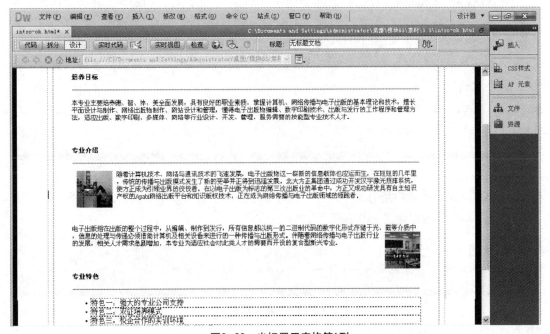

图3-99　光标置于表格第1列

图3-100　设置第1列背景后的效果

17 将光标置于表格外，选择 "插入" > "表格"命令，弹出 "表格"对话框，设置表格属性，"行数"为 "1"，"列"为 "1"，"表格宽度"为 "1024"像素，"边框粗细"为 "0"像素，"单元格边距"和 "单元格间距"均为 "0"，单击 "确定"按钮。然后调整表格高度，并设置 "背景颜色"为 "#DDDDDD"，效果如图3-101所示。再将光标置于表格内，选择 "插入" > "表格"命令，弹出 "表格"对话框，设置 "行数"为 "1"，"列数"为 "5"，"表格宽度"为 "890"像素，"边框粗细"为 "0"像素，"单元格边距"和 "单元格间距"均为 "0"，单击 "确定"按钮，在 "属性"面板中，设置 "对齐"为 "居中对齐"。

图3-101　添加表格效果

18 输入相应文字，并选中所有文字，在 "属性"面板中设置 "水平"为 "居中对齐"，"大小"为 "14"，效果如图3-102所示。

图3-102　预览效果

19 选择 "文件" > "保存"命令，按F12键浏览页面。

知识点拓展

❶ 切片

（1）切片的概念

切片就是将一幅大图像分割成一些小的图像切片，然后在网页中通过没有间距和宽度的表格重新将这些小的图像拼接起来，成为一幅完整的图像。这样做可以减小图像的大小，减少网页的下载时间，并且能够制作出交互的效果。

（2）切片的优点

- 缩短下载时间：当网页上的图片较大时，浏览器下载整个图片需要花很长的时间，使用切片可以把整个图片分为多个不同的小图片后分开下载，这样下载的时间就大大缩短了。
- 制作动态效果：利用切片可以制作出各种交互效果。
- 优化图像：完整的图像只能使用一种文件格式，应用一种优化方式，而对作为切片的各幅小图片就可以分别进行优化，并且根据各幅切片的情况还可以保存成不同的文件格式。这样既能够保证图片的质量，又能够使图片变小。
- 创建链接：切片制作好之后，就可以对不同的切片制作不同的链接了，而不需要在大的图片上创建热点。

❷ 网页设计切图技巧

制作网站必须先进行规划设计，用笔在纸上设计网页结构，使用Photoshop做出效果图，然后进行切图。

（1）切图原则

- 图切得越小越好。
- 图切得越少越好。

对于一整张图来说，同时达到以上两个目标是矛盾的。针对这点，一般将一个网页切成20～30个图，加载速度是不受影响的。

（2）切图技巧

- 一行一行地切。
- 背景图切成小条。
- 不能分开的不要切分；选行的时候要注意合理性。
- 切的时候将图像放大，这样移动一个像素就非常明显，否则不能达到原图与网页的一致性。

❸ 设置表格属性

表格属性的设置包括表格宽度、高度、填充、间距、对齐、边框、背景颜色、边框颜色、背景图像等，如图3-103所示。

图3-103 设置表格属性

各选项说明如下：

- "行"和"列"：设置表格中的行数和列数。
- "宽"：设置表格的宽度。单位可以是像素，也可以是浏览器窗口的百分比，表格的高度一般不予指定。
- "对齐"：设置表格按浏览器左对齐、右对齐或居中对齐。默认设置下将使用表格按浏览器左对齐。
- "清除行高"和"清除列高"：可以相应从表格中删除所有行高和列宽值。
- "将表格宽度转换成像素"：可以将表格当前的以浏览器窗口百分比为单位的宽度转换为以像素为单位。而"将表格宽度转换成百分比"按钮则可以将以像素为单位的宽度转换为以浏览器窗口百分比为单位。
- "间距"：设置表格单元格之间的距离。
- "填充"：设置单元格内容与单元格边缘之间的空间。如果没有指定单元格间距和单元格填充的值，则"Internet Explorer和Dreamweaver"都默认将单元格"间距"设置为2，单元格"填充"设置为1。
- "边框"：设置围绕表格的边框宽度（单位为像素）。
- "边框颜色"：设置整个表格的边框颜色。

❹ 设置单元格属性

在编辑网页时除了可以设置整个表格的属性外，还可以设置行、列或单元格的属性。选中要设置相同属性的一个或多个单元格，在"属性"面板中就可以设置其属性，如图3-104所示。

图3-104　设置单元格属性

- "水平"：设置单元格内容的水平对齐方式。有4个值，分别为默认（即普通单元格左对齐、标题单元格居中对齐）、左对齐、右对齐和居中对齐。
- "垂直"：设置单元格内容的垂直对齐方式。有5个值，分别为默认（通常为中间对齐）、顶端、居中、底部和基线。
- "宽"和"高"：设置单元格的宽度和高度，单位是像素。要使用百分比，则在数值后添加百分比符号（%）。
- "背景"：设置单元格背景图片。
- "背景颜色"：设置单元格背景颜色。
- "边框"：设置单元格的边框颜色。
- "合并所选单元格，使用跨度"：该按钮可以合并单元格。在合并之前需选定相邻单元格，否则合并按钮无效。
- "拆分单元格为行或列"：该按钮可以拆分单元格。在拆分之前选定要拆分的单元格。
- "不换行"：选中该复选框之后将禁止文字换行。这样可使单元格扩展宽度以容纳所有数据。一般来说，单元格都是先最大限度地横向扩展以包容数据，然后才会纵向扩展。
- "标题"：将每个单元格设置为表格标题。在默认情况下，表格标题单元格中的内容将被设置为粗体并居中对齐。

独立实践任务

任务 4 制作"首页"网页

任务背景

每个网站都有"首页"页面，对于"师生作品展示平台"网站，也要有自己的个性首页，使得通过首页就可以展示整个网站的风格与内容，页面参考图如图3-105所示。

图3-105 网站首页页面

任务要求

打开素材中的"首页空白"图片，使用Fireworks软件进行切图，并使用表格对网页进行布局，制作首页页面。

【技术要领】切图一行一行地切，并且要细致，表格要统一。

【解决问题】在切图时，要放大图片，在绘制表格时上下最外表格宽度要一致。

【应用领域】个人网站；企业网站。

【素材来源】模块3\素材\3.2和3.4。

任务分析

主要制作步骤

职业技能知识点考核

一、单选题

1. 在Dreamweaver中，插入表格所用的按钮是（ ）。

A.   B.   C.   D.

2. 在"插入表格"对话框中表格的宽度的默认值为（ ）。

A. 200   B. 100   C. 150   D. 250

3. 在Dreamweaver中用表格导入文本数据时，下列（ ）不是默认的定界符。

A. ；   B. ,   C. .   D. :

4. 文字"属性"面板中的按钮的意义是（ ）。

A. 常用   B. 文本   C. 字符   D. 文本缩进

5. 下列（ ）不是文本的对齐方式。

A. 左对齐   B. 垂直居中   C. 水平居中   D. 右对齐

6. 选择如下的（ ）样式，可以得到abc效果。

A. 强调   B. 下划线   C. 打字型   D. 删除线

7. <th>和</th>所定义的表格头，通常显示在表格的（ ）。

A. 第一行   B. 中间行   C. 最后行   D. 第二行

二、填空题

1. 按钮表示_____，按钮表示_____。

2. 要制作不规范的表格，则可对表格进行_____和_____操作。

3. 在表格设计中，"行距"的意义是_____。

4. 在用表格导入数据时，必须将表格先转换成_____格式，才可以导入到Dreamweaver中来。

5. 一个链接包括的两个元素是_____和_____。

6. 编辑嵌套列表，需要使用的功能名称是_____和_____两种。

7. 如果在网页中插入"换行符"，其相应的HTML代码是_____。

8. 表格的边框宽度单位为_____。

Adobe Dreamweaver CS5

模块 04

创建网页链接

　　为了把因特网上众多分散的网站和网页联系起来，构成一个有机的整体，要在网页上加入链接。超链接是网页的魅力所在，通过单击网页上的链接，我们可以在信息海洋中尽情邀游。在这个模块中，将通过一些例子，讲述文字链接、图形链接、图形热区链接、锚点链接等内容，同时结合站点管理器，介绍一些创建链接的高级技巧。

能力目标

1. 能够创建文字、图形、锚点等各种链接

2. 能够灵活使用各种链接

学时分配

6课时（讲课3课时，实践3课时）

知识目标

1. 掌握各种链接的创建方法、要领、技巧

2. 理解绝对路径的概念

3. 理解根相对路径、文档相对路径的概念

模拟制作任务

任务 1 为网站首页导航栏添加文字超链接

任务背景

"师生作品展示平台"网站首页已经基本做好，但是导航栏还未添加超链接。需要给导航栏添加超链接，使各个分散的网页连成一体，构成一个整体的网站，如图4-1所示。

图4-1　导航栏文字链接

任务要求

通过本任务的学习，要求掌握文字超链接的创建方法，并为网站首页导航栏添加超链接。

重点、难点

重点要求掌握添加文字超链接的方法。

【技术要领】通过"属性"面板设置链接网页文字。

【解决问题】创建文字链接。

【应用领域】个人网站；企业网站。

【素材来源】模块4\素材\练习网站\main.html。

任务分析

本任务难度较低，通过Dreamweaver的"属性"面板可以轻松完成。

操作步骤

01 打开素材网页"main.html"，选中需要添加超链接的文字，如"专业介绍"。在"属性"面板中设置属性，如图4-2所示。

图4-2　设置属性

02 单击"浏览文件"按钮❶，弹出"选择文件"对话框，在"查找范围"下拉列表框中查找到"专业介绍"需要链接到的网页"intro.html"，单击"确定"按钮，如图4-3所示。然后在"属性"面板中的"目标"下拉列表框中选择"_self"选项，这样链接的网页就替换成当前的网页打开了。

图4-3 选择链接文件

03 使用同样的方法，给导航栏上所有文字都添加超链接。制作完毕，按F12键预览效果。

任务 2 创建图片链接

任务背景

"师生作品展示平台"网站首页中的很多图片还未添加超链接，需要给各种图片添加超链接，如图4-4所示。

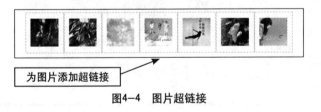

为图片添加超链接

图4-4 图片超链接

任务要求

通过本任务的学习，要求掌握图片超链接的创建方法，并为网站各类图片添加超链接。

重点、难点

重点要求掌握图片超链接的创建方法。

【技术要领】通过"属性"面板设置链接网页图片。

【解决问题】创建图片链接。

【应用领域】个人网站；企业网站。

【素材来源】模块4\素材\练习网站\main.html。

任务分析

图片链接是一种十分常见的超链接形式，单击某张图片可以链接到某个网页或者网页的某个部分等。创建图片链接的方法与创建文字链接基本一致。

操作步骤

01 打开素材网页"main.html"，选择需要添加链接的图片，如图4-5所示。

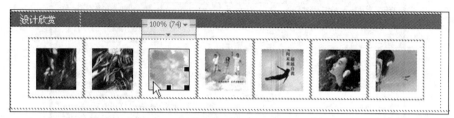

图4-5 选中图片

02 选择"窗口">"属性"命令，打开"属性"面板，单击"链接"后面的"浏览文件"按钮，在弹出的对话框中选择素材网页"design_enjoy.html"，单击"确定"按钮。然后在"属性"面板中的"目标"下拉列表框中选择"_blank"选项（选择该选项，表示单击链接后，将在新的浏览器窗口中打开链接的网页），如图4-6所示。

图4-6 "属性"面板设置

03 设置好图片链接后，选择"文件">"保存"命令，按F12键浏览，当光标被置于设有链接的图片上时，光标变成小手形状，如图4-7所示。

图4-7 效果图

任务 3 创建图片热区链接

任务背景

在前面的任务中，已经制作完成"师生作品展示平台"网站的导入页，但是图片热区链接还未完成。

所谓的"图片热区链接"，就是指图片中的某些区域具有链接响应，而不是整个图片，如图4-8所示。

图4-8 矩形热区链接

任务要求

通过本任务的学习，要求掌握图片热区链接的创建方法，并为网站导入页添加热区链接。

重点、难点

本任务难点是创建不同形状的图片热区链接；重点是掌握各种图片热区超链接的创建方法。

【技术要领】使用热区工具绘制热区，然后通过"属性"面板设置链接网页。

【解决问题】创建热区链接。

【应用领域】个人网站；企业网站。

【素材来源】模块4\素材\练习网站\index.html。

任务分析

为图片添加超链接，选中的是整个图片，如果只想让图片某些区域响应超链接，或者一张图片不同区域分别设置不同的超链接，就需要用到"热区链接"。

操作步骤

01 打开"模块4\素材\练习网站\index.html"网页，单击导入页中间的图片，在"属性"面板中，选择"矩形热点工具" □ ，如图4-9所示。

用于创建热区域链接

图4-9 热区域工具

02 将光标移动到图形上，这时光标为十字形，在图形上绘制出矩形区域，如图4-10所示。绘制出的区域为能够响应超链接的区域，不妨考虑一下区域要多大比较适合。通过"指针热点"工具 ，可以更改区域的大小和位置。

图4-10 绘制热区

03 在"属性"面板上单击"浏览文件"按钮 🗀，设置"链接"文件为网站首页"main. html"，设置"目标"为"_self"，"替换"文本为"进入首页"，如图4-11所示。属性设置完毕，按F12键浏览效果。

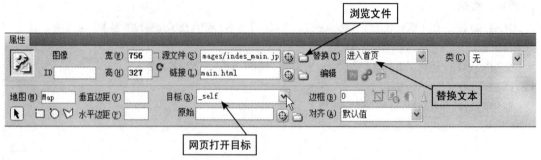

图4-11　热点区域属性设置

任务 4　创建锚点链接

任务背景

当一个网页的主题或文字较多时，可以在网页内建立多个标记点，将超链接指定到这些标记点上，能够使浏览者快速找到要阅读的内容，这些标记点被称为"锚点"或"锚记"，现需要为"师生作品展示平台"网站首页添加锚点，如图4-12所示。

图4-12　效果图

任务要求

在网站首页顶部添加锚点，在网页底部添加文字"返回顶端"，单击可以实现从网页的底端跳到顶端的效果。

重点、难点

锚点链接的难点是从一个页面链接到其他页面的某个锚点。重点要求掌握锚点的创建和链接。

【技术要领】设置锚点，通过"属性"面板设置链接网页。

【解决问题】锚点链接。

【应用领域】个人网站；企业网站。

【素材来源】模块4\素材\练习网站\main.html。

任务分析

本任务主要包括两部分，第一部分是在网页顶部适合的地方插入一个锚点，第二部分是在网页的底部做一个链接，链接到这个锚点上。

操作步骤

01 打开素材网页"main.html"，将光标置入网页顶端要插入锚点的位置，然后插入锚点。

插入锚点❷的方法有两种，一种是按Ctrl+Alt+A组合键；另一种是选择"插入">"命名锚记"命令，如图4-13所示。

02 弹出"命名锚记"对话框，将锚记命名为"main_top"，如图4-14所示，单击"确定"按钮后可出现锚点标记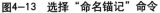。

图4-13 选择"命名锚记"命令

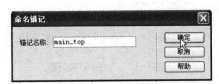

图4-14 "命名锚记"对话框

思考

浏览网页的时候，这个锚点能被看见吗？通常用Dreamweaver打开下载的网页模板，也常常可以看到标记。

03 在首页底端添加文字"返回顶端"并选中，如图4-15所示，在"属性"面板的"链接"文本框中输入"#main_top"，如图4-16所示。

注意

"#"符号不能省略。

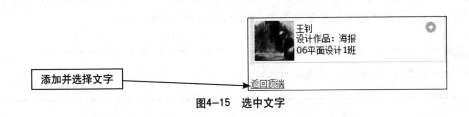

添加并选择文字

图4-15 选中文字

图4-16 设置链接

04 保存网页文档，按F12键预览网页。

任务 5 创建电子邮件链接

任务背景

通过以上4个任务的学习，可以知道超链接最常见的链接对象是网页文件。在某些网页中，当访问者单击某个链接后，会自动打开电子邮件的客户端软件（如Outlook或Foxmail等），向某个特定的E-mail地址发送邮件，就是电子邮件链接，现需为"师生作品展示平台"网站"首页"页面底部的E-mail添加电子邮件链接，如图4-17所示。

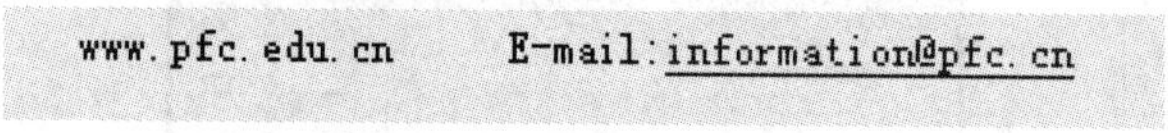

www.pfc.edu.cn　　E-mail: information@pfc.cn

图4-17 电子邮件链接

任务要求

通过"属性"面板为"模块4\素材\练习网站"的每个页面底部的E-mail地址添加电子邮件链接。

重点、难点

重点要求掌握电子邮件链接的创建方法。

【技术要领】通过"属性"面板设置链接邮件。

【解决问题】邮件链接。

【应用领域】个人网站；企业网站。

【素材来源】模块4\素材\练习网站。

任务分析

电子邮件链接是一种常见的、实用的链接种类，它可以依附于文字或图片。单击该文字或图片，就可以打开电子邮件软件开始写邮件，十分方便。

操作步骤

01 打开"模块4\素材\main.html"网页。选择网页上的文字"information@pfc.cn"，在"属性"面板上，设置"链接"的属性为"mailto:information@pfc.cn"。

? 注意

电子邮件前要加"mailto："，如图4-18所示。

设置属性

图4-18 设置链接属性

思考

很多网页中有"给我来信"等文字，单击这些文字，可以链接到某个电子邮件上，其制作方法是否与此类似？

02 选择"文件">"保存"命令，按F12键浏览，效果如图4-17所示。

03 在制作电子邮件链接的时候还可以加入电子邮件的主题，只需在"属性"面板的"链接"文本框中输入语句"mailto:information@pfc.cn?subject=报考咨询"，则在电子邮件中可自动加上主题"报考咨询"

任务 6 创建外部链接网页

任务背景

网页中经常有"友情链接"部分，单击链接文字，可以链接到该网页上。单击某个超链接，能够链接到其他网站的链接称之为外部链接。现需要为"师生作品展示平台"网站创建外部链接网页，将其链接到"北大方正软件技术学院"网站中，如图4-19所示。

任务要求

在"师生作品展示平台"网站中，为网页底部的"北京北大方正软件技术学院"这个名称添加链接，单击可链接到该学院主页。

重点、难点

重点要求掌握外部链接创建的方法和注意事项。

图4-19 创建外部链接网页

【技术要领】通过"属性"面板设置外部链接。

【解决问题】网页的外部链接。

【应用领域】个人网站；企业网站。

【素材来源】模块4\素材\练习网站。

任务分析

外部链接是一种常见的、实用的链接种类，是把自己的网站和别人的网站链接起来的重要方式。在文字或者图片上同样也可以创建外部链接。

操作步骤

01 打开"模块4\素材\练习网站\main.html"网页，选中文字"www.pfc.edu.cn"，在"属性"面板中，设置"链接"属性为"http://www.pfc.edu.cn"。注意，www前要加"http://"，如图4-20所示。

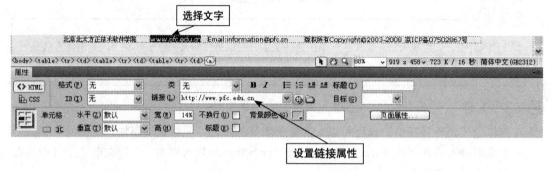

图4-20　设置链接属性为"http：／／www.pfc.edu.cn"

02 选择"文件"＞"保存"命令，按F12键浏览效果。

任务 **7** 创建其他类型的链接

任务背景

除了前面介绍的几种超链接类型外，在网页制作过程中，还有文件链接、空链接、脚本链接等。

任务要求

掌握文件链接、空链接、脚本链接的基本操作。

重点、难点

本任务难点是脚本链接的创建。重点要求了解和掌握空链接和文件链接创建的方法。

【技术要领】通过"属性"面板或脚本进行设置。

【解决问题】其他链接。

【应用领域】个人网站；企业网站。

【素材来源】模块4\素材\文件链接\css1.html。

任务分析

文件链接用于链接某个图片或者某个压缩文件等，常被用作下载链接；空链接即没有链接任何东西，一般在网页开发过程中使用；脚本链接是结合脚本语言所做的超链接，其功能强大。

创建文件链接

01 文件链接的超链接目标不是地址或网页，而是多媒体文件或者可执行文件，常见的是.exe、.rar、.zip文件或图片文件，制作文本链接的时候，先选择链接的文字或图片，然后在"属性"面板中的"链接"文本框中输入文件全称即可，如图4-21所示。

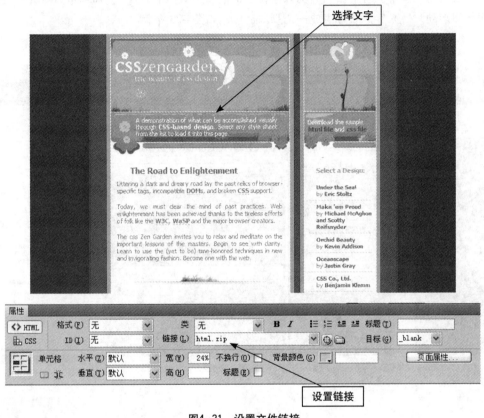

图4-21　设置文件链接

创建空链接

02 空链接，顾名思义就是单击该链接后不会打开网页或文件，创建空链接首先选中要链接的图片、图像或对象，然后在"属性"面板中的"链接"文本框中输入"#"符号即可，如图4-22所示。空链接创建完成后，被创建链接的文字或者图片也具有链接效果，如显示手型符号等。

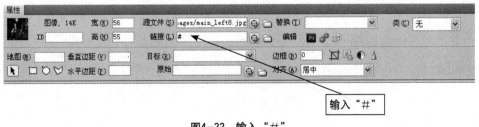

图4-22　输入"#"

创建脚本链接

03 脚本链接用来执行JavaScript代码或者调用JavaScript函数。脚本链接的作用很大，能够在不离开当前Web页面的情况下为访问者提供有关某项的附加信息。详细功能查阅JavaScript相关资料。创建脚本链接，首先选中要链接的文本、图像或对象，然后在"属性"面板中的"链接"文本框中输入"javascript:"，后跟一些JavaScript代码或一个函数调用（在冒号与代码或调用之间不能有空格）。例如，在"链接"文本框中输入"javascript:alert（'工作室正全面启动！'）"，即可生成一个脚本链接，如图4-23所示。

图4-23　输入JSP代码

知识点拓展

❶ 指向文件图标的使用

首先打开"文件"面板，然后在网页中选中要创建超链接的文字或图片，然后用鼠标拖动"属性"面板上的"指向文件"图标🔘，将从图标处引出一条线，当拖动到"文件"面板的"本地文件"窗口上的网页文件上时，文件外显示一个蓝色框，表示可以创建链接，将光标移到要链接的文件上，释放鼠标左键，链接就完成了。

技能应用：使用"指向文件"工具，将"专业介绍"网页中的图片设置到"教师风采"网页的链接上，如图4-24所示。

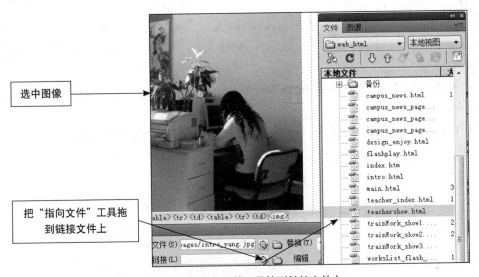

图4-24　把指向文件工具拉到链接文件上

❷ 不同网页间的锚点链接

在不同网页间创建锚点链接，需要在"属性"面板中的"链接"文本框内输入"网页文件名#锚点名"。例如，main_top锚点在main.html文件中，在其他网页文件中创建链接时，需要在"链接"文本框中输入"main.html#main_top"。

❸ 路径

1. 绝对路径

本模块学习了各种超链接，不管链接的是网页还是文件，各链接都有自己存放的位置和路径，路径分为绝对路径、根相对路径和文档相对路径。

绝对路径为文件提供一个完全的路径，包括HTTP和FTP协议。例如，http://www.pku.edu.cn/news.html就是一个绝对路径。链接到其他网站的文件，必须使用绝对路径。

2. 相对路径

相对路径用于制作网站内部链接，包括根相对路径和文档相对路径。

（1）根相对路径

根相对路径以"/"开头，路径是从当前站点的根目录开始计算。例如，在D盘建立一个myweb目录，该目录就是名为myweb的站点，这时"/index.htm"路径，就表示文件位置为"D:\myweb\index.htm"。根相对路径适用于链接内容环境频繁更换的文件，这样即使站点中的文件被移动了，其链接仍可以生效。

如果目录结构很复杂，在引用根目录下的文件时，用根相对路径会更好些。例如，某一个网页文件中引用根目录下img目录中的一个图，在当前网页中用文档相对路径表示为"../../../../../img/a.gif"，而用根相对路径只需表示为"/img/a.gif"即可。

（2）文档相对路径

文档相对路径就是指包含当前文档的文件夹，也就是以当前网页所在的文件夹为基础开始计算路径。

例如，当前网页所在位置为"D:\myweb\mypic"，那么，"a.htm"就表示"D:\myweb\mypic\a.htm"；"../a.htm"相当于"D:\myweb\a.htm"，其中"../"表示当前文件夹的上一级文件夹。

"img/a.gif"是指"D:\myweb\mypic\img\a.gif"，其中"img/"是指当前文件夹下名为img的文件夹。

文档相对路径是最简单的路径，一般多用于链接保存在同一文件夹中的文档。

独立实践任务

任务 8 创建"实训课程"网页链接

任务背景

作为练习，打开"模块4\素材\练习网站"中的"实训课程"网页，即trainWork_show1网页。结合本模块所学，对该页面文字、图片等创建链接。

任务要求

创建二级导航文字，并为其添加超链接；创建图片超链接；创建该页面到首页的main_top锚点链接；创建电子邮件链接；创建北大方正学院的外部链接。

【技术要领】文字链接；图片链接；锚点链接；外部链接；电子邮件链接。

【解决问题】在网页中创建各种链接。

【应用领域】网页制作。

【素材来源】模块4\素材\练习网站\trainWork_show1.html。

任务分析

主要制作步骤

职业技能知识点考核

单选题

1. 在设置图像超链接时，可以在"替代"文本框中输入注释的文字，下面不是其作用的是（   ）。

A. 当浏览器不支持图像时，使用文字替换图像

B. 当光标移到图像并停留一段时间后，这些注释文字将显示出来

C. 在浏览者关闭图像显示功能时，使用文字替换图像

D. 每过一段时间图像上都会定时显示注释的文字

2. 创建一个自动发送电子邮件链接的代码是（   ）。

A. <a href="#NAME"></a>

B. <a name="NAME"></a>

C. <a href="mailto:? " ></a>

D. <a href="URL"></a>

Adobe Dreamweaver CS5

模块 05

创建多媒体网页

多媒体在网页中的应用越来越广泛，任意打开一个网页，一般都可以发现多媒体元素的存在，例如网页中的Flash动画、背景音乐、动态按钮、视频点播等。本模块将介绍在网页中嵌入多媒体，以及制作多媒体网页的方法。

能力目标

1. 能够在网页指定位置插入Flash按钮、Flash电子文档等
2. 能够在网页中插入音乐，制作在线音乐网站
3. 能够在网页指定位置插入视频

知识目标

1. 了解Flash文件类型
2. 了解音频文件格式
3. 掌握在网页中插入Shockwave影片方法

学时分配

4课时（讲课2课时，实践2课时）

模拟制作任务

任务 1 插入Flash动画

任务背景

在网页中插入Flash动画❶（或Shockwave影片❷），一般是按照网页设计的需要先使用Flash软件制作好动画，然后将其插入到网页中指定的位置。现有一个咖啡香网页已经基本制作完毕，需要在网页主题图片上插入Flash动画，来体现咖啡飘香的效果，如图5-1所示。

任务要求

要求制作嵌有Flash动画的咖啡香网页，并通过本任务的学习，掌握将Flash动画插入网页中的方法。

重点、难点

本任务重点要求掌握设置单元格的背景，插入Flash动画的方法。

图5-1 咖啡香网页效果

【技术要领】设置单元格背景图片；插入Flash；设置Flash大小、透明度等属性。

【解决问题】在图片背景上添加Flash效果。

【应用领域】网页中Flash的嵌入。

【素材来源】模块5\素材\5.1\咖啡香。

任务分析

插入的Flash动画可以作为独立的网页元素，也可以作为一种图片增强效果，放置在图片的上面。

操作步骤

01 制作基础网页。根据素材创建咖啡香网页。首先用表格布局，然后在相应的单元格中插入或编辑文字、图片等。需要注意的是该网页中的咖啡图片应以单元格背景的方式存在，这样才能够在该单元格上再插入Flash动画。网页制作完成后的效果如图5-2所示。

图5-2　初期网页效果

02 在网页中插入Flash动画。在步骤1中完成的网页基础上（或者直接打开网页"模块5\素材\5.1\咖啡香\咖啡香1.html"），将光标定位到咖啡图片所在单元格，选择"插入">"媒体">"SWF"命令，在弹出的"选择文件"对话框中，选择素材里面的"5.1\咖啡香\images\1.swf"Flash动画，单击"确定"按钮，此时，弹出"对象标签辅助功能属性"对话框，在标题处输入"1.swf"，如图5-3所示，单击"确定"按钮。

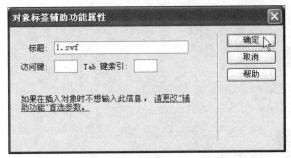

图5-3　对象标签辅助功能属性

此时，可以看到Flash覆盖在图像背景上方，如图5-4所示。

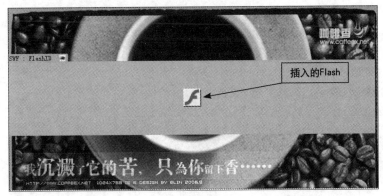

图5-4　插入的Flash

03 在"属性"面板中,设置Flash的"宽"、"高"、"循环"、"自动播放"、"品质"等属性。将Wmode设置为"透明",实现Flash的透明背景的设置,如图5-5所示。设置完毕后,保存网页文档,按F12键预览。

图5-5 设置Flash属性

任务 **2** 制作Flash电子文档

任务背景

现有一个网页FlashPaper.html,其整体效果已经基本完成,但页面缺少文字,为了更方便浏览文字,需要在网页右侧添加Flash电子文档,使用浏览器浏览Flash电子文档效果,效果如图5-6所示。

图5-6 效果图

任务要求

通过本任务的学习,要求掌握Flash电子文档的制作及使用方法,并制作FlashPaper.html网页。

重点、难点

Flash电子文档的制作。

【技术要领】Flash电子文档的制作。

【解决问题】使用FlashPaper软件将文档转换成Flash电子文档。

【应用领域】网页中的文档浏览。

【素材来源】模块5\素材\5.2\Flash电子文档。

任务分析

使用Flash电子文档能更好地浏览文档,该功能在网页制作中被广泛使用。

操作步骤

安装FlashPaper软件

01 打开"模块5\素材\5.2\Flash电子文档\FlashPaper"文件夹，将文件夹下的FlashPaper2.rar和FlashPaper_Patch.rar解压缩，并依次安装FlashPaper2Installer.exe和FlashPaper_Patch.exe可执行文件，安装后的软件如图5-7所示。

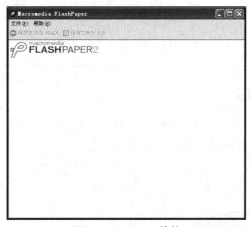

图5-7 FlashPaper软件

制作Flash电子文档

02 打开"模块5\素材\5.2\Flash电子文档"文件夹，单击鼠标右键，选择Microsoft Office Word软件打开"介绍.doc"文档，如图5-8所示。选择工具栏中的"加载项">"FlashPaper">"转换为FLASH"命令，如图5-9所示。单击转化时会弹出一个"保存为FLASH"对话框，命名为"介绍"，单击"保存"命令，开始转换文件，如图5-10所示，生成"介绍.swf"Flash电子文档。

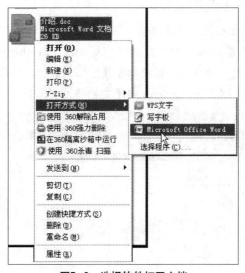

图5-8 选择软件打开文档

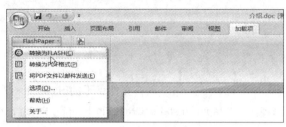 

图5-9　转换为FLASH　　　　　　　图5-10　转换界面

 提示

FlashPaper软件可以将Word、Excel转换为SWF文件或PDF文件。

制作或者打开基础网页

03 用Dreamweaver CS5打开"模块5\素材\5.2\Flash电子文档\FlashPaper.html"网页，如图5-11所示。注意留出一个单元格用于插入Flash电子文档。

图5-11　打开"FlashPaper.html"网页

在网页中插入Flash电子文档

04 将光标定位到预留的单元格处，选择"插入">"媒体">"SWF"命令，如图5-12所示。弹出"选择文件"对话框，选择制作好的"介绍.swf"Flash电子文档，单击"确定"按钮，如图5-13所示，弹出"对象标签辅助功能属性"对话框，标题处输入"介绍.swf"，单击"确定"按钮，如图5-14所示，将Flash电子文档插入到网页中。

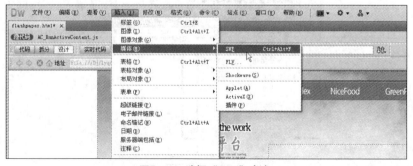

图5-12　选择"SWF"命令

图5-13　选择Flash电子文档

图5-14　对象标签辅助功能属性

05 选中插入的Flash电子文档，在"属性"面板中设置"宽"为"553"，"高"为"390"，如图5-15所示。

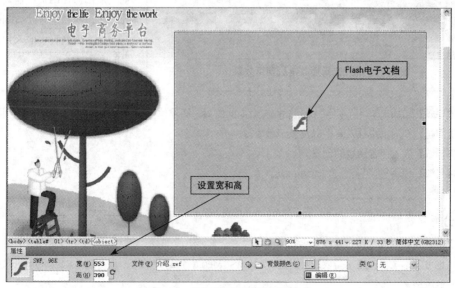

图5-15　设置查看器的宽度和高度

06 保存网页文档，按F12键预览效果，即可看到图像以幻灯片的形式循环播放，如图5-16所示。

图5-16　预览效果

任务 3　嵌入音乐或声音

任务背景

现有一个网页easyMusic.html已经基本制作完成，但还需要在网页中嵌入一个音乐播放器，希望能够在网页中播放美妙的音乐，效果如图5-17所示。

图5-17　插入音乐播放器后网页效果

任务要求

制作网页easyMusic.html；在easyMusic网页中插入音乐"Life after you.mp3"。

重点、难点

重点是掌握在网页中插入声音的方法，难点是通过<object>标签来实现网页中嵌入声音效果的方法。

【技术要领】"插入">"媒体">"插件"命令的使用，插件属性的设置；<object>标签的使用。

【解决问题】在网页中插入音乐以及显示播放器。

【应用领域】嵌入声音网页的创建。

【素材来源】模块5\素材\5.3\easymusic。

任务分析

在网页中嵌入音乐或者声音是制作多媒体网页的一个重要组成部分。插入音乐或声音可以让其显示播放器，也可以不显示。显示播放器可以是Windows Media Player风格，也可以是Real Player风格，或者其他风格。

操作步骤

制作或者打开基础网页

01 制作网页，首先使用表格布局，然后插入图片素材即可。素材参见"模块5\素材\5.3\easymusic\images"。要注意的是，要预留准备插入音乐❸的单元格，如图5-18所示。或者直接打开网页"easymusic-1.html"。

图5-18　还未插入音乐播放器的网页效果

插入音乐

02 在表格第3行中间单元格定位插入点。选择"插入">"媒体">"插件"命令，弹出"选择文件"对话框，选择"music\02-Life After You.mp3"文件，如图5-19所示。单击"确定"按钮，完成音乐插入。

图5-19　选择文件

03 插入音乐后，会显示插件图标，选择该插件，设置音乐播放器的尺寸属性，即"宽"为"480"，"高"为"44"，然后根据实际显示效果继续调整数值，如图5-20所示。

图5-20　设置宽和高

04 保存网页文档，按F12键预览，如图5-21所示。

图5-21 效果预览

<object>标签的使用

05 用上述方法插入音乐，然后切换到"代码"视图，可以看到使用的是<embed>标签，如图5-22所示。但是该标签是Netscape的一个非标准标签，现在该标签已被<object>标签所取代。

```
<td> </td>
<td align="center"><embed src="music/02 - Life After You.mp3" width="480" height="44"></embed></td>
<td> </td>
```

图5-22 <embed>标签

06 要注意，使用<embed>标签生成的播放器在不同的机器中显示可能不一致，可能是RealPlayer播放器，也可能是Windows Media Player播放器，而使用<object>标签可以固定只使用一种播放器。删除<embed>标签及其内容，用以下代码替换：

```
<object
classid="CLSID:6BF52A52-394A-11d3-B153-00C04F79FAA6"
width="450" height="45">
<param name="type" value="audio/mpeg" />
<param name="URL" value="music/02 - Life After You.mp3" />
<param name="uiMode" value="full" />
<param name="autoStart" value="true" />
</object>
```

其中，第2句"classid=……"用于设置播放器的类型，该句选择的是Windows Media Player播放器，如果使用"classid="clsid:CFCDAA03-8BE4-11cf-B84B-0020AFBBCCFA""，则使用的是RealPlayer播放器；第3句设置播放器的尺寸；第4句设置媒体类型；第5句设置媒体URL；第6句设置播放器的界面和显示按钮的样式；第7句设置媒体是否自动播放。

> **思考**
>
> 如果要把easyMusic网页做一个扩展，如图5-23所示，使得单击某一首歌曲时，中间的播放器自动播放，而不是刷新整个页面，类似于在线音乐网站，该如何实现？

图5-23　easyMusic网页扩展

任务 4　添加背景音乐

任务背景

在本模块的任务3中，我们在网页中嵌入了一个音乐播放器，现在需要为"师生作品展示平台"网站首页添加背景音乐，即在网页中不显示播放器。

任务要求

为网站首页添加背景音乐，并实现循环播放。

重点、难点

掌握<bgsound>标签的使用。

【技术要领】切换"代码"视图；<bgsound>标签的使用。

【解决问题】网页背景音乐的实现。

【应用领域】有背景音乐网页的创建。

【素材来源】模块5\素材\5.4\背景音乐。

任务分析

添加背景音乐最主要的就是让播放器不显示。

制作网页背景音乐

01 启动Dreamweaver　CS5软件，再打开需要添加音乐的网页，切换到"代码"视图，在<body>、</body>标签之间定位一个插入点，输入代码<bgsound src= "music/08 -Tell Me Why.mp3" loop= "1">。该语句确定了背景音乐所在位置和音乐的循环播放。

02 设置完毕，保存网页文档，按F12键预览效果。

🤔 思考

在首页设置的背景音乐，当用户跳转到其他页面时，音乐是否还可以播放？如果不能，该如何让背景音乐在整个网站一直可以播放？

任务 5 插入视频

任务背景

需要制作一个名为easyVideo.html的视频网页，并需要在该网页中嵌入一个视频，使网页更加完善，如图5-24所示。

图5-24　easyVideo视频网页效果

任务要求

制作easyVideo网页，并在网页中嵌入一个WMV格式的视频。

重点、难点

重点掌握在网页中嵌入视频的方法，以及插件属性设置技巧。

【技术要领】插件的使用；插件属性的设置；<object>标签的使用。

【解决问题】在网页中插入视频。

【应用领域】视频网页的创建。

任务分析

在网页中嵌入视频的方法和嵌入音乐的方法基本相同，最主要的是插件属性的设置。

操作步骤

制作或者打开基础网页

01 启动Dreamweaver CS5软件，首先使用表格布局，然后插入图片素材，素材参见"模块5\素材\5.5\easyvideo"，注意要预留准备插入视频的单元格，如图5-25所示，或者直接打开网页"easyvideo1.html"。

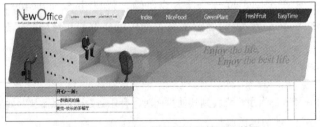

图5-25　还未插入视频播放器的网页效果

插入视频

02 在表格第2列单元格中定位插入点，如图5-26所示。选择"插入">"媒体">"插件"命令，弹出"选择文件"对话框，选择"video\一群搞笑的猫.wmv"文件，如图5-27所示。单击"确定"按钮，完成视频插入。

图5-26 打开easyvideo1.html网页

图5-27 选择文件

03 插入视频后，会显示插件图标，选择该插件，设置视频播放器的尺寸属性，即"宽"为"400"，"高"为"350"，然后根据实际显示效果继续调整数值，如图5-28所示。

图5-28 设置"宽"和"高"

04 保存网页文档，按F12键预览，效果如图5-29所示。

图5-29 效果预览

知识点拓展

❶ Flash文件类型

Flash在网页制作中具有广泛的应用，因此有必要了解一下Flash的文件类型。Flash主要有5种文件类型，下面分别介绍。

- Flash 文件 （.fla）：所有项目的源文件，在 Flash 程序中创建，此类型的文件只能在 Flash 中打开。可以先在Flash中打开此类Flash文件，然后将它导出为 SWF 文件或 SWT 文件，以便在浏览器中使用。

- Flash SWF 文件 （.swf）：Flash文件的压缩版本进行了优化，以便在 Web 上查看。此类文件可以在浏览器中播放并且可以在 Dreamweaver CS5 中进行预览，但不能在 Flash 中编辑。该类型文件是使用 Flash 按钮和 Flash 文本对象时创建的文件类型。

- Flash 模板文件 （.swt）：这类文件使用户能够修改和替换 Flash SWF 文件中的信息。Flash模板文件用于 Flash 按钮对象，使用户能够用自己的文本或链接修改模板，以便创建要插入在用户的文档中的自定义 SWF。在 Dreamweaver CS5 中，可以在 Dreamweaver CS5/Configuration/Flash Objects/Flash Buttons 和 Flash Text 文件夹中找到这类模板文件。

- Flash元素文件 （.swc）：一种 Flash SWF 文件，通过将此类文件合并到 Web 页，可以创建丰富的因特网的应用程序。Flash 元素有可自定义的参数，通过修改这些参数可以执行不同的应用程序功能。

- Flash 视频文件格式 （.flv）：一种视频文件，包含经过编码的音频和视频数据，用于通过 FlashPlayer 进行传送。例如，如果有 QuickTime 或 Windows Media 视频文件，可以使用编码器将视频文件转换为 FLV 文件。

❷ 插入Shockwave影片

Shockwave是 Web 上用于交互式多媒体的一种标准，并且是一种压缩格式，使得在 Director中创建的媒体文件能够被大多数常用浏览器快速下载和播放。可以使用 Dreamweaver CS5 将 Shockwave 影片插入到文档中。

（1）在"设计"窗口中，将插入点放置在要插入 Shockwave 影片的位置，然后执行以下操作之一。

- 在"插入"栏的"常用"类别中，单击"媒体"按钮，然后从弹出的菜单中选择 Shockwave图标。

- 选择"插入" > "媒体" >Shockwave命令。

（2）在弹出的对话框中，选择一个影片文件。

（3）在"属性"面板中的"宽"和"高"文本框中分别输入影片的宽度和高度。

❸ 音频文件格式

向网页添加声音，有多种不同类型的声音文件可供添加，例如 .wav、.midi 和 .mp3。在确定采用哪种格式的文件添加声音前，需要考虑以下一些因素：添加声音的目的、页面访问者、文件大小、声音品质和不同浏览器的差异。

浏览器不同，处理声音文件的方式也会有很大差异。最好先将声音文件添加到一个 Flash SWF 文件中，然后再嵌入该 SWF 文件以改善一致性问题。

下面给出一些较为常见的音频文件格式以及每一种格式在 Web 设计中的一些优缺点。

- .midi 或 .mid（Musical Instrument Digital Interface，乐器数字接口）：此格式用于器乐。许多浏览器都支持 MIDI 文件，并且不需要插件。尽管 MIDI 文件的声音品质非常好，但也要取决于访问者的声卡。另外，很小的 MIDI 文件就可以提供较长时间的声音剪辑。MIDI 文件不能进行录制，必须使用特殊的硬件和软件在计算机上合成。

- .wav（Wave Audio Files，波形扩展）：这类文件具有良好的声音品质，并且不需要插件，许多浏览器都支持此类格式的文件。可以通过CD、磁带、麦克风等自己录制WAV文件。但是，其对存储空间需求太大，这严格限制了可以在用户的网页上使用的声音剪辑长度。

- .aif（Audio Interchange File Format，音频交换文件格式）：也称为AIFF格式，与WAV格式类似，也具有较好的声音品质，大多数浏览器都可以播放它并且不需要插件；也可以从 CD、磁带、麦克风等录制 AIFF 文件。同样，由于其对存储空间需求太大，严格限制了它可以在用户网页上使用的声音剪辑长度。

- .mp3（Motion Picture Experts Group Audio Layer-3，运动图像专家组音频第 3 层，或称为 MPEG 音频第 3 层）：一种压缩格式，可以使声音文件明显缩小。其声音品质非常好，如果正确录制和压缩MP3文件，其音质甚至可以和 CD 相媲美。MP3技术使用户可以对文件进行"流式处理"，使访问者不必等待整个文件下载完成即可收听该文件。但是，其文件的大小要大于 Real Audio 文件，因此通过典型的拨号（电话线）调制解调器连接下载整首歌曲可能仍要花较长的时间。若要播放MP3文件，访问者必须下载并安装辅助应用程序或插件，如QuickTime、Windows Media Player 或RealPlayer。

- .ra、.ram、.rpm 或 Real Audio：此格式具有非常高的压缩度，文件大小要小于MP3。全部歌曲文件可以在合理的时间范围内下载。因为可以在普通的 Web 服务器上对这些文件进行"流式处理"，所以访问者在文件完全下载完之前就可以听到声音。访问者必须下载并安装 RealPlayer 辅助应用程序或插件才可以播放这种文件。

- .qt、.qtm、.mov 或 QuickTime：此格式是由 Apple Computer 开发的音频和视频格式。Apple Macintosh 操作系统中包含了 QuickTime格式，并且大多数使用音频、视频或动画的 Macintosh 应用程序都使用 QuickTime格式。个人计算机也可播放 QuickTime 格式的文件，但是需要特殊的 QuickTime 驱动程序。QuickTime 支持大多数编码格式，如 Cinepak、JPEG 和 MPEG。

独立实践任务

任务 6 插入Flash按钮

任务背景

现有网页baby1.html，网页内容已基本制作完成，但还需要给网页添加Flash按钮来制作网页的导航栏，最终效果如图5-30所示。

图5-30 网页中嵌入Flash按钮和电子文档

任务要求

创建该网页的Flash按钮效果，美化页面。

【技术要领】制作Flash按钮。

【解决问题】在网页中嵌入Flash按钮。

【应用领域】创建网页效果。

【素材来源】模块5\素材\5.6\baby1.html。

任务 7 插入Flash视频

任务背景

现有网页video1.html，网页内容已基本制作完成，但还需要在网页中嵌入Flash视频，即flv文件，从而使网页更加完善，完成效果如图5-31所示。

图5-31 插入Flash视频效果

任务要求

在页面中插入flv视频，并设置网页相关CSS样式，美化网页。

【技术要领】"插入">"媒体">"插件"命令的使用；属性设置。

【解决问题】在网页中嵌入Flash视频，flv格式文件。

【应用领域】创建在线视频播放网页。

【素材来源】模块5\素材\5.7\videoweb。

任务 8 制作在线音乐网页

任务背景

现有网页musicweb1.html，网页内容已基本制作完成，现需要给网页添加一个音乐播放器，使整个网页变成一个在线播放的网页，效果如图5-32所示。

图5-32　musicweb网页效果

任务要求

在网页底部添加音乐播放器，制作在线音乐网页，美化页面。

【技术要领】"插入" > "媒体" > "插件"命令的应用；插件属性的设置；<object>标签的使用；框架网页的制作。

【解决问题】在网页中嵌入播放器，播放声音。

【应用领域】创建在线音乐播放网页。

【素材来源】模块5\素材\5.8\musicweb。

任务分析

_____

_____

_____

主要制作步骤

_____

_____

_____

职业技能知识点考核

单选题

1. 下面关于使用视频数据流的说法错误的是（　　）。

A. 浏览器在接收到第一个包的时候就开始播放

B. 动画可以使用数据流的方式进行传输

C. 音频可以使用数据流的方式进行传输

D. 文本不可以使用数据流的方式进行传输

2. 下面（　　）不在Dreamweaver CS5中的资源管理器里。

A. 视频　　　　　　　B. 脚本　　　　　　C. Shockwave　　　　　　D. 插件

3. Dreamweaver CS5的插入（Insert）菜单中，Flash表示（　　）。

A. 插入一个ActiveX占位符

B. 打开可以输入或浏览的"插入Applet"对话框

C. 打开"插入插件"对话框

D. 打开"插入Flash影片"对话框

Adobe Dreamweaver CS5

模块 06
创建框架网页

　　除了表格外，利用框架也可以进行页面布局。框架可以实现网页的嵌套，利用框架可以将网页划分为不同的区域，而显示在当前框架中的每个区域实际上是一个独立的页面。一个框架中的超链接可以指定到目标框架中，这样在打开超链接的时候，整个页面保持不变，而只在目标框架中显示链接的内容。在一个网页中，有时候并不是所有的内容都需要改变，如网页的导航栏及网页标题部分是不需要改变的。如果在每个网页中都重复插入这些元素，就会浪费时间，在这种情况下使用框架就会方便很多。

　　本模块主要讲解框架的创建及各种操作。

能力目标

1. 创建框架集
2. 框架及框架集的基本操作
3. 框架及框架集的属性设置
4. 框架及框架集的保存

学时分配

6课时（讲课3课时，实践3课时）

知识目标

1. 了解框架及框架集
2. 框架结构的组成
3. 框架结构的优点

模拟制作任务

任务 1 制作"设计欣赏"网页

任务背景

为了让更多的家长与社会了解学生的情况，需要制作一个各科作品展示网页，便于浏览，效果如图6-1所示。

图6-1　"设计欣赏"网页效果图

任务要求

要求使用框架，页面风格统一，简洁大方。

重点、难点

1. 修改框架属性。
2. 各框架之间的链接。

【技术要领】框架集的建立、保存、框架和框架集属性的修改。

【解决问题】要求每个页面有一样的banner图、导航条与信息栏，使用框架集建立。

【应用领域】个人网站；企业网站。

【素材来源】模块6\素材\6.1。

任务分析

为了对相同内容不重复操作，将使用框架完成任务。

操作步骤

创建框架集

01 选择"文件">"新建"命令，弹出"新建文档"对话框，如图6-2所示。

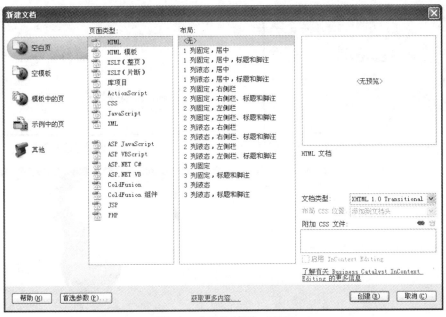

图6-2 "新建文档"对话框

02 选择"示例中的页"选项，打开相应的设置框，在"示例文件夹"列表框中选择"框架页"选项，在"示例页"列表框中选择"上方固定，左侧嵌套"选项，单击"创建"按钮，创建框架集❶，如图6-3所示。

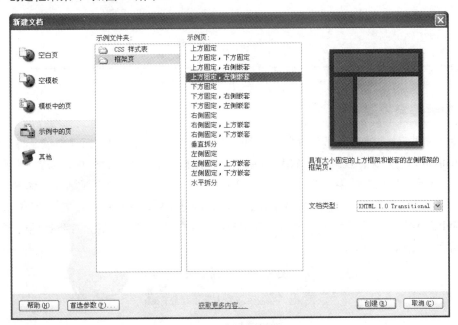

图6-3 创建框架集

03 弹出"框架标签辅助功能属性"对话框，对每个"框架"重新指定"标题"，然后单击"确定"按钮，如图6-4~图6-6所示。

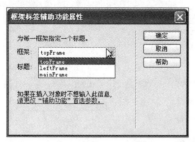 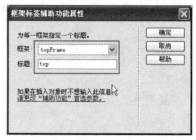

图6-4 "框架标签辅助功能属性"对话框   图6-5 重新对框架命名

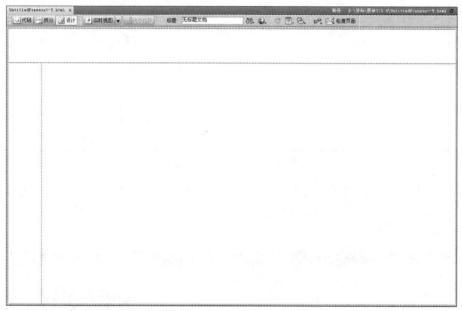

图6-6 创建的框架

保存框架集与框架

04 选择"文件">"保存全部"命令,如图6-7所示,整个框架集内侧出现虚线,将其保存为"main.html",保存框架集,如图6-8所示,将光标置于顶部的框架中,如图6-9所示。选择"文件">"保存框架"命令,如图6-10所示,弹出"另存为"对话框,命名为"top.html"。用同样的方法,将光标置于左边与右边的框架中,保存框架命名为"left.html"、"body.html",注意所命名字要与框架相对应,单击"保存"按钮,在保存的位置出现相关网页,如图6-11所示。

图6-7 选择"保存全部"命令

图6-8　保存main框架集

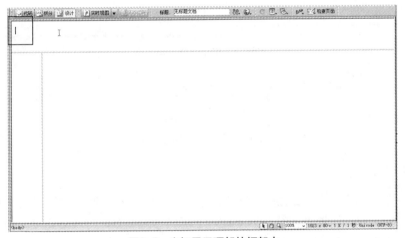

图6-9　光标置于顶部的框架中

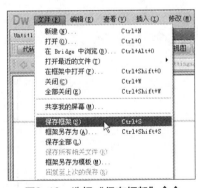

图6-10　选择"保存框架"命令

图6-11　保存的框架网页

 提示

保存框架集时，保存的网页总数为框架的个数加1。

05 将光标移至框架边框上，出现双向箭头，按住鼠标左键拖动，以改变框架的大小❷，如图6-12所示。选中整个框架集，设置框架集的属性❸，在"边框"下拉列表框中选择"否"，在"边框宽度"文本框中输入"0"，如图6-13所示。

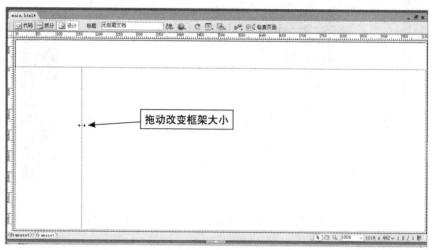

图6-12　拖动改变框架大小

图6-13　框架集属性设置

编辑 top 框架

06 将光标置于顶部框架中，如图6-14所示，选择工具栏中的"插入"＞"表格"命令，弹出"表格"对话框，设置"行数"为"1"，"列"为"3"，"表格宽度"为"1024"像素，"边框粗细"为"0"像素，"单元格边距"为"0"，"单元格间距"为"0"，如图6-15所示，单击"确定"按钮。

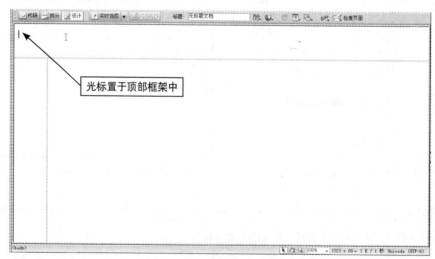

图6-14　光标置于top框架内

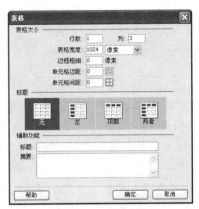

图6-15　创建表格

07 将光标置于表格第1列，选择工具栏中的"插入">"图像"命令，如图6-16所示，弹出
"选择图像源文件"对话框，选择"模块6\素材\6.1\images\main_banner.jpg"图片文件，如
图6-17所示，单击"确定"按钮，弹出"图像标签辅助功能属性"对话框，如图6-18所示，
直接单击"确定"按钮。

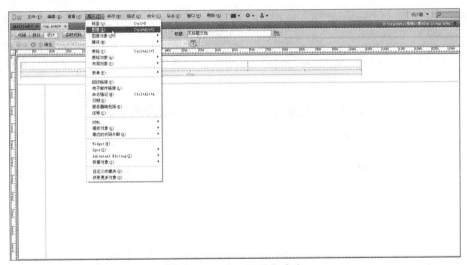

图6-16　选择"图像"命令

图6-17　"选择图像源文件"对话框

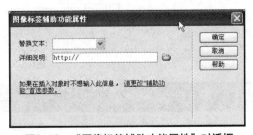

图6-18　"图像标签辅助功能属性"对话框

> **提示**
>
> 选择菜单栏中的"窗口"＞"工作区布局"＞"经典"命令，可改变窗口界面。

08 将光标置于表格第2列，如图6-19所示，设置单元格属性。设置"背景颜色"为"#1E1F23"，如图6-20所示。将光标置于表格第3列，设置"背景颜色"为"#1E1F23"，并输入"北京北大方正软件技术学院 网络传播与电子出版"文字。选中该文字，在属性面板中的"CSS"样式面板中设置"大小"为"14"像素，弹出"新建CSS规则"对话框，如图6-21所示，选择器名称输入".x"，单击"确定"按钮，"文字颜色"为"#FFF"，"背景颜色"为"#1E1F23"，如图6-22所示，调整表格宽度，设置表格后的效果如图6-23所示。

图6-19　光标置于表格第2列

图6-20　设置背景颜色

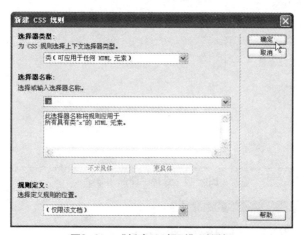

图6-21　"新建CSS规则"对话框

图6-22　设置文字属性

图6-23　设置后的效果

09 选中第1行表格，设置"对齐"属性为"居中对齐"，如图6-24所示。将光标置于表格外，如图6-25所示，单击"属性"面板上的"页面属性"按钮，如图6-26所示，弹出"页面属性"对话框，在"外观（CSS）"设置框中的"上边距"文本框中输入"0"，如图6-27所示，单击"确定"按钮。banner图与顶端对齐，并调整框架大小以适应banner的大小，设置属性后的效果如图6-28所示。

图6-24　设置对齐属性

图6-25　光标在表格外

图6-26　单击"页面属性"按钮

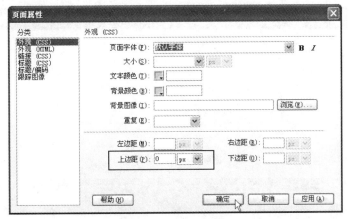

图6-27　设置外观参数

图6-28　设置后效果

编辑 left 框架

10 将光标置于左侧框架中，选择工具栏中的"插入"＞"表格"命令，弹出"表格"对话框，设置"行数"为3，"列数"为1，"表格宽度"为"200"像素，"边框粗细"为"0"像素，"单元格边距"为"0"，"单元格间距"为"0"，单击"确定"按钮，如图6-29所示。

图6-29　创建表格

⑪ 在创建的3行表格中，分别输入文字"Photoshop作品"、"Flash作品"和"企业形象VI与广告设计"，如图6-30所示，在属性面板中分别设置三行字的属性，"水平"为"居中对齐"，"垂直"为"居中"，"宽"为"151"，"高"为"48"，"大小"为"14"，弹出"新建CSS规则"对话框，选择器名称输入".x"，单击"确定"按钮，"颜色"为"#000"，如图6-31所示。选中表格，设置表格"对齐"为"居中对齐"。

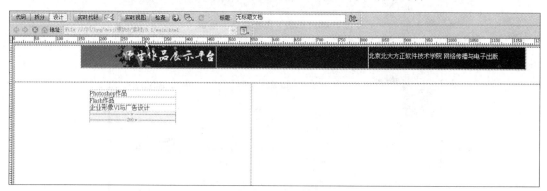

图6-30　输入文字

图6-31　设置文字属性

在框架中设置链接

⑫ 选中导航条内的"Photoshop作品"文字，在"属性"面板中的"HTML"样式面板中设置"链接"为"worksList_ps_zl.html"，"目标"为"mainFrame"。按照相同方法对"flash作品"和"企业形象VI与广告设计"文字做相应属性设置，实现单击相应内容，在mainFrame框架中出现相应的页面，设置过程如图6-32～图6-34所示。

⑬ 选择"文件"＞"保存全部"命令，按F12键浏览。

图6-32 "Photoshop作品"文字设置链接过程

图6-33 "Flash作品"文字设置链接过程

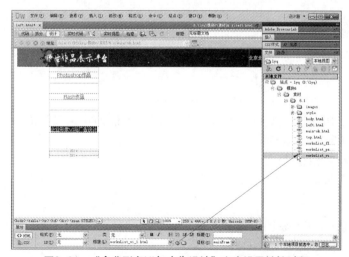

图6-34 "企业形象VI与广告设计"文字设置链接过程

任务 2 使用框架实现师生作品展示平台页面间的浏览

任务背景

在建立的"师生作品展示平台"网站中，有首页、专业介绍、教师风采、课程展示等页面，要求每个页面有相同的banner图、导航条与信息栏，如图6-35~图6-38所示。

图6-35 "首页"页面

图6-36 "专业介绍"页面

图6-37 "教师风采"页面

图6-38 "课程展示"页面

任务要求

页面风格统一，简洁大方。

重点、难点

1. 修改框架集代码。
2. 各框架之间的链接。

【技术要领】框架集的建立、保存；框架集代码的修改、链接。

【解决问题】由于要求每个页面有一样的banner图、导航条与信息栏，可以使用框架集来建立。

【应用领域】个人网站；企业网站。

【素材来源】模块6/素材/6.2。

任务分析

要体现页面风格统一，并且每个页面有一样的banner图、导航条与信息栏。为了对相同内容不重复操作，可以对现有页面使用框架完成任务。

操作步骤

创建框架集

01 启动Dreamweaver CS5软件，选择"文件">"新建"命令，弹出"新建文档"对话框，如图6-39所示。

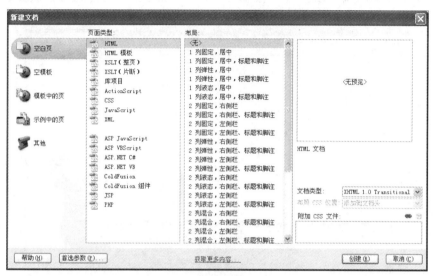

图6-39 "新建文档"对话框

02 选择"示例中的页"选项，打开相应的设置框，在"示例文件夹"列表框中选择"框架页"选项，在右边的"示例页"列表框中选择"上方固定，下方固定"选项，单击"创建"按钮，如图6-40所示。

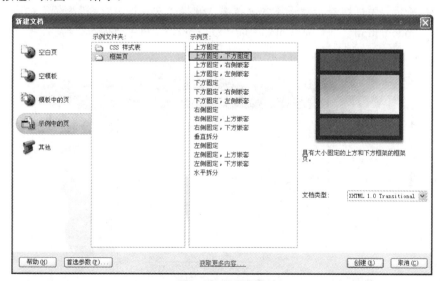

图6-40 设置框架

03 弹出"框架标签辅助功能属性"对话框，如图6-41所示，可以对每个"框架"重新指定"标题"，如图6-42所示，然后单击"确定"按钮，创建框架集，如图6-43所示。

图6—41　"框架标签辅助功能属性"对话框　　　图6—42　为框架重新指定标题

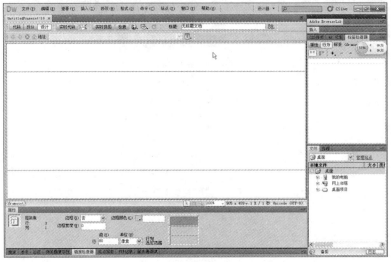

图6—43　创建框架集效果

保存框架集与框架

04 选择"文件" > "保存全部"命令，整个框架集内侧出现虚线，将其保存为"main.html"，如图6-44所示。然后将光标置于不同框架中，选择"文件" > "保存框架"命令，并依次命名为"bottom.html"、"body.html"和"top.html"，单击"保存"按钮，如图6-45～图6-47所示。

图6—44　保存main框架集

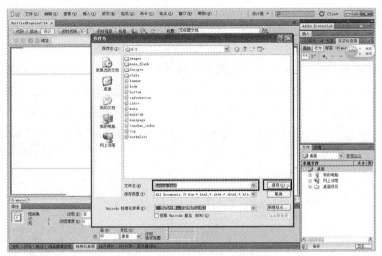

图6-45 保存bottom.html框架

图6-46 保存body.html框架

图6-47 保存top.html框架

修改框架代码

05 单击框架的最外边框，以选中整个框架，如图6-48所示。单击"代码"按钮显示"代码"视图。将框架的相应代码"top.html"修改为"banner.html"，"body.html"修改为"mainpage.html"，"bottom.html"修改为"information.html"，如图6-49所示。然后单击"设计"按钮显示"设计"视图，这时显示相应的banner图、导航条与信息栏，如图6-50所示。

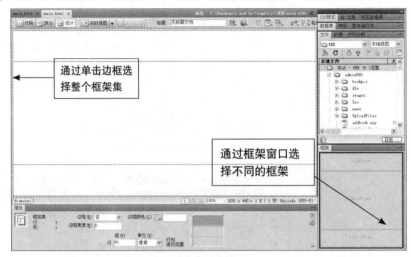

图6-48 选中整个框架集

图6-49 "代码"视图下修改代码

图6-50 "设计"视图浏览效果

在框架中设置链接

06 选中导航条内的"首页",设置"链接"为"mainpage.html","目标"为"mainFrame",如图6-51所示。按照相同方法对"专业介绍"、"教师风采"、"课程展示"做相应属性设置,实现单击相应导航条内容,在mainFrame框架中出现相应的页面,设置过程如图6-52~图6-54所示。

图6-51 "首页"文字设置链接过程

图6-52 "专业介绍"文字设置链接过程

图6-53 "教师风采"文字设置链接过程

图6-54 "课程展示"文字设置链接过程

07 选择"文件">"保存全部"命令,按F12键进行浏览。

知识点拓展

❶ 框架集基础知识

（1）框架的概念

使用框架可以固定网页中的相同部分，在单击菜单时把相关内容显示到可变换的区域中。框架就是把浏览器窗口划分为若干个区域，再把多个网页文档显示在一个浏览器中。因为要设置访问者单击菜单时要跳转到的框架，所以要设置框架的名称。在"框架"面板中选择框架区域后，可以在"属性"面板中确认框架的名称，当创建框架时会自动指定框架的名称，但是为了记忆方便也可以更改框架的名称，这样在构造复杂的框架文档中指定目标框架时也会非常方便。

（2）框架结构的组成

框架由两部分组成，即框架集与框架。框架集是指在一个文档内定义一组框架结构的HTML网页，框架集在文档中定义了框架的结构、数量、尺寸及装入框架的页面文件。因此，框架集并不显示在浏览器中，只是存储了一些框架如何显示的信息。例如，一个页面中包含了两个框架，那么，加上框架集后，与该页面对应的就有3个HTML文件。相应地，框架集被称为父框架，框架被称为子框架。当用户将某个页面划分为若干个框架时，就可以分别为各框架创建新文档，如图6-55和图6-56所示。

图6-55　框架网页效果

框架1	
框架2	框架3

图6-56　框架结构

（3）框架结构的优缺点

使用框架结构的优点如下。

- 便于统一风格。一个网站的不同网页会有相似的地方，可以把这个相同的部分单独做成一个页面，作为框架结构中一个框体的内容为整个站点所公用。通过这种方法，达到网站整体风格的统一。

- 便于修改。一般来说，每隔一段时间，网站的设计就要进行一些更新。可以把每个网页都用到的公共内容制作成单独的网页，并作为框架结构中一个框体的内容提供给整个站点公用，这样在每次修改时，只需要修改这个公共网页，就能完成整个网站的设计更改。

- 方便访问。一般公用框体的内容都做成网站中各主要栏目的链接，当浏览器的滚动条滚动时，这些链接不随滚动条的滚动而上下移动，而是一直固定在浏览器窗口的某个位置，访问者可以随时单击跳转到另一页面。

使用框架结构的缺点如下。

- 早期的浏览器和一些特定的浏览器不支持框架结构（但目前使用的绝大多数浏览器都支持）。

- 使用了框架结构的页面会影响网页的浏览速度。

- 难以实现不同框架中各页面元素的精确对齐。

❷ 框架及框架集的基本操作

（1）认识"框架"面板

选择"窗口">"框架"命令可以在浮动面板组显示"框架"面板。在"框架"面板中，显示了不同框架区域显示的框架名称，也显示了框架的结构，如图6-57所示。

图6-57 "框架"面板

> ❓ 注意
>
> 在框架文档中进行新建、删除某个现有的框架，或者修改框架的尺寸、名称等时，"框架"面板中的示意图将随之发生变化。

（2）选中框架和框架集

要对框架和框架集进行操作通常需要选中框架和框架集。通过编辑窗口或编辑"框架"面板可将其选中。

① 在编辑窗口选中框架和框架集。

- 选中框架。按住Alt键，在需要选中的框架内单击可选中该框架，被选中的框架边框显示为虚线，如图6-58所示。

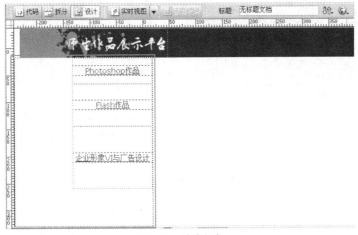

图6-58　选中框架

- 选中框架集。单击框架集的边框即可选中整个框架集，选中的框架集包含的所有框架边框都将呈虚线，如图6-59所示。

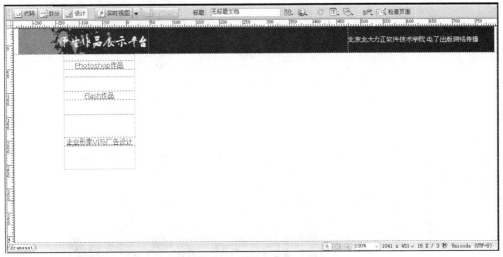

图6-59　虚线部分为选中框架集

② 在"框架"面板中选中框架和框架集。

- 选中框架。在"框架"面板中单击要选中的框架即可将其选中，被选中的框架在"框架"面板中以粗黑框显示，如图6-60所示。
- 选中框架集。在"框架"面板中单击框架集的边框即可选中框架集，如图6-61所示。

图6-60　选中框架

图6-61　选中框架集

（3）调整框架大小

在制作框架页面时，通常需要调整框架显示的范围，这就需要调整框架的大小，其具体操作如下。

01 将光标移至需要调整的框架边框上，此时光标变为 ↔ 形状，如图6-62所示。

图6-62　调整框架大小

02 按住鼠标左键不放并拖动至合适位置，然后释放鼠标左键，即可改变框架大小，如图6-63所示。

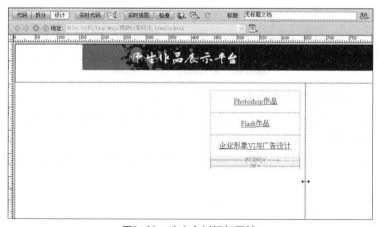

图6-63　改变左侧框架属性

（4）分割框架

Dreamweaver中预定义了许多框架样式，但有时还不能满足制作网页的需要，这时可以将框架进行分割，自定义框架样式。分割框架的具体操作如下。

01 将光标插入点定位到需要分割的框架中。

02 选择"修改"＞"框架集"命令，在级联菜单中选择拆分项，这里选择"拆分左框架"命令，如图6-64所示，拆分的框架如图6-65所示。

图6-64　分割框架

图6-65　拆分的框架

（5）删除框架

若框架集中有多余的框架，可将其删除，其具体操作如下。

01 将光标移至需调整的框架边框上。

02 当光标变为 ![icon] 形状时，按住鼠标左键不放将其往页面外拖动，如图6-66所示。

![拖动框架的边框]

拖动框架的边框

图6-66　拖动框架的边框

03 当框架拖离页面后释放鼠标左键，弹出"Dreamweaver"对话框，单击"否"命令，完成框架的删除，如图6-67所示。

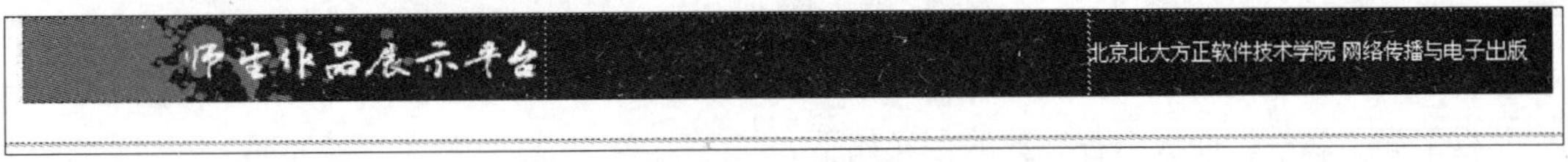

图6-67　删除框架

❸ **框架及框架集的属性设置**

选中框架或框架集后，可对其名称、源文件、空白边距、滚动特性、大小特性以及边框特性等属性进行设置。

（1）框架的属性设置

选中需要设置属性的框架，其"属性"面板如图6-68所示。

图6-68 框架的"属性"面板

框架"属性"面板中各参数的含义如下。

- "框架名称"文本框：可以为选中的框架命名，以方便被JavaScript程序引用，也可以作为打开链接的目标框架名。

> **注意**
>
> 框架名称只能是由字母、下划线符号等组成的字符串，且必须以字母开头，不能出现连字符、句点及空格，不能使用JavaScript的保留关键字。

- "源文件"文本框：显示框架源文件的URL地址，单击文本框右侧的按钮，可以在弹出的对话框中重新指定框架源文件的地址。
- "滚动"下拉列表框：设置框架出现滚动的方式，"是"表示无论框架文档中的内容是否超出框架的大小都会显示滚动条；"否"表示即使框架文档中的内容超出了框架大小，也不会出现框架滚动条；"自动"表示当框架文档内容超出了框架大小时，才会出现框架滚动条；"默认"表示采用大多数浏览器采用的自动方式。
- "不能调整大小"复选框：选中该复选框则不能在浏览器中通过拖动框架边框来改变框架的大小。
- "边框"下拉列表框：设置是否显示框架的边框。
- "边框颜色"：设置框架边框的颜色。
- "边界宽度"文本框：输入当前框架中的内容距左右边框间的距离。
- "边界高度"文本框：输入当前框架中的内容距上下边框间的距离。

（2）框架集的属性设置

选中需要设置属性的框架集，"属性"面板如图6-69所示。

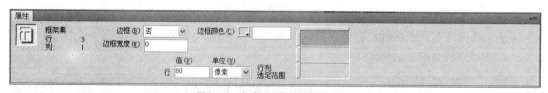

图6-69 框架集的"属性"面板

框架集"属性"面板中各参数的含义如下。

- "边框"下拉列表框：设置是否显示框架的边框。
- "边框宽度"文本框：设置框架边框的粗细。
- "边框颜色"：设置框架边框的颜色。
- "行"或"列"栏：可以设置框架的行或列的宽度。

独立实践任务

任务 3 制作"设计欣赏"网页

任务背景

某公司在网站建设过程中，为了宣传其产品，以利于销售并提高企业知名度，需在网站建立各类产品的网页介绍。

任务要求

要求每个页面有相同的banner图、导航条与信息栏，并要求页面风格统一，简洁大方。

【技术要领】框架集的建立、保存；框架集代码的修改、链接。

【解决问题】由于要求每个页面有相同的banner图、导航条与信息栏，故使用框架集建立。

【应用领域】企业网站。

【素材来源】无。

任务分析

主要制作步骤

职业技能知识点考核

一、单选题

1. 网页中（　　）结构类似于一个独立的网页。

A. 层　　　　　　B. 框架　　　　　C. 表格　　　　　D. 表单

2. 一个有3个框架的网页，在保存后，有（　　）个文件。

A. 1　　　　　　B. 3　　　　　　C. 4　　　　　　D. 5

3. 设置框架超链接，其中的 目标 下拉列表框中的_blank参数的意义是（　　）。

A. 将会在父窗口中显示超链接的内容

B. 将会在一个新窗口中显示超链接的内容

C. 将会在自己的窗口中显示超链接的内容

D. 将会在当前Web页的最外面的框架中打开超链接

4. 下面（　　）方法可以选择一个框架。

A. 在网页设计中单击框架的内容

B. 在网页设计中单击框架的边界

C. 在"框架"面板中单击一个框架

D. 在"高级布局"面板中的框架选项中选择

5. 框架的列宽除了可以用像素表示外，还可以用（　　）的方式来定义。

A. 比例　　　　　B. 英寸　　　　　C. 厘米　　　　　D. 毫米

二、填空题

1. 框架网页的一个特点是＿＿＿＿＿＿＿＿。

2. 创建框架时，其中的一个主框架默认名称是＿＿＿＿＿＿＿。

3. Dreamweaver中的"布局"插入栏中的 ▢ 按钮，代表＿＿＿＿＿＿＿。

4. 保存一个框架网页的菜单命令有＿＿＿＿＿＿＿、＿＿＿＿＿＿＿和＿＿＿＿＿＿＿。

5. "框架"面板的作用主要是＿＿＿＿＿＿＿＿。

6. 可以在＿＿＿＿＿＿＿＿中修改框架的名称。

7. 框架的最大优势在于整个网站的＿＿＿＿＿＿＿＿与＿＿＿＿＿＿＿。

Adobe Dreamweaver CS5

模块 07

创建表单网页

　　表单主要用来得到用户的反馈信息，是收集客户信息和进行网络调查的主要途径。表单在网络中应用非常广泛，上网时的登录页面、注册页面，以及一些提交意见、投票的页面都属于表单页面。访问者在表单中输入信息，然后单击提交按钮，这些信息就被提交给服务器进行处理了。表单可以包含允许用户进行交互的各种对象，包括文本域、列表框、复选框、单选按钮、文件域、图像域、按钮等。

能力目标

1. 创建表单
2. 插入文本域
3. 插入密码域
4. 插入复选框和单选按钮
5. 插入列表和菜单
6. 插入文件域
7. 插入按钮
8. 插入跳转菜单

知识目标

1. 了解表单
2. 理解表单交互过程

学时分配

4课时（讲课2课时，实践2课时）

模拟制作任务

任务 1 制作"注册"网页

任务背景

对于"师生作品展示平台"网站，为了更好地管理用户，掌握用户信息，从而进行用户权限分配，同时起到保护本网站资源的作用，因此规定只有本网站的用户才可以进行浏览，即只有注册为该网站用户后，才能实现对网站内容的浏览。为该学校网站制作一个注册网页，页面效果如图7-1所示。

图7-1 "注册"网页效果

任务要求

"注册"网页要包括用户填写的基本信息；排版格式要规范。

重点、难点

1．表单与表单对象的关系。
2．表单对象属性设置。

【技术要领】首先在网页中添加表单，然后在表单中添加各种表单对象。

【解决问题】表单与表单对象的关系。

【应用领域】个人网站；企业网站。

【素材来源】模块7\素材\7.1。

任务分析

在设计之前了解学校需要获取客户什么信息，将信息通过表单对象组合"注册"网页，并使用表格规范版式。

操作步骤

添加表单❶

01 启动Dreamweaver CS5软件，选择"文件"＞"打开"命令，弹出"打开"对话框，选择"模块7\素材\7.1\zhuce.html"网页，单击"打开"按钮，效果如图7-2所示。

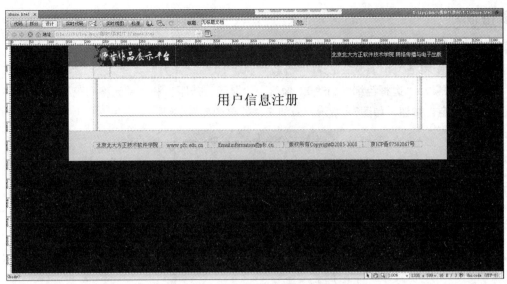

图7-2　打开"zhuce.html"网页

02 将光标置于水平线下方，输入文字"欢迎加入本网站，请认真填写以下信息，带*号的为必填项"，选中文字，在"属性"面板中将文字"大小"设置为"16"像素，效果如图7-3所示。

图7-3　输入文字后效果

03 在输入的文本末尾，按"Enter"键，将光标插入点定位到文本下方，选择插入栏中的"表单">"表单"❷命令，添加表单，如图7-4所示，添加表单效果如图7-5所示。

图7-4　插入表单

图7-5　添加表单效果

表格布局

04 将光标插入点定位到表单中，选择插入栏中的"常用">"表格"命令，弹出"表格"对话框，设置表格大小属性，设置"行数"为"10"，"列"为"2"，"表格宽度"为"700"像素，"边框粗细"为"0"像素，"单元格边距"和"单元格间距"均为"0"，单击"确定"按钮，如图7-6所示，添加表格效果如图7-7所示。

图7-6　设置表格参数

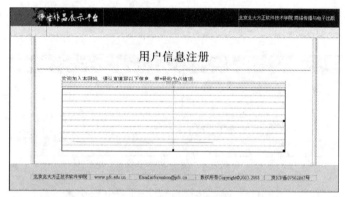

图7-7　添加表格

05 选中整个表格，在"属性"面板中，设置"对齐"为"居中对齐"，并调整表格宽度，如图7-8所示。

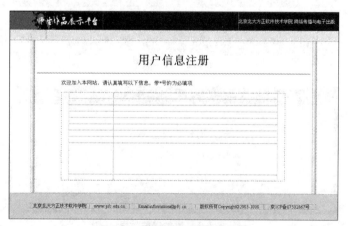

图7-8　设置表格属性后的效果

添加表单对象

06 将光标插入点定位到第 1 行第1个单元格中，输入文本"*昵称："，选中文本，在"属性"面板中，设置"水平"为"右对齐"。再将光标插入点定位到旁边的单元格中，在"表单"插入栏中单击"文本字段"按钮，弹出"输入标签辅助功能属性"对话框，直接单击"确定"按钮，如图7-9和图7-10所示。添加单行文本字段，选中该文本字段，在"属性"面板中，将"字符宽度"和"最多字符数"设置为"16"，如图7-11所示。将光标插入点定位到添加的文本字段的后面，在"属性"面板中，设置"水平"为"左对齐"，"宽"为"371"，如图7-12所示。添加的单行文本字段效果如图7-13所示。

图7-9 单击"文本字段"按钮

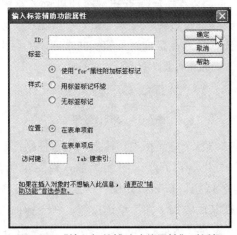

图7-10 "输入标签辅助功能属性"对话框

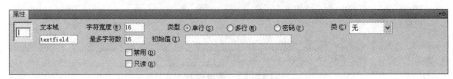

图7-11 设置文本域属性

图7-12 设置文本属性

图7-13 第1行效果

07 将光标插入点定位到第2行第1个单元格中，输入文本"*密码："，选中文本，在"属性"面板中，设置"水平"为"右对齐"。再将光标插入点定位到旁边的单元格中，在"表单"插入栏中单击"文本字段"按钮，添加单行文本字段，选中该文本字段，在"属性"面板中，将"类型"设置为"密码"，"字符宽度"设置为"10"，"最多字符数"设置为"18"，如图7-14所示。将光标插入点定位到添加的文本字段的后面，然后在"属性"面板中，设置"水平"为"左对齐"，添加的密码域如图7-15所示。

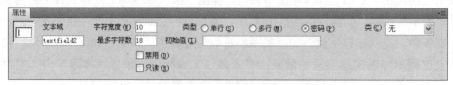

图7-14　文本域属性设置

图7-15　添加的密码域

08 将光标插入点定位到第3行第1个单元格中，输入文本"*再次输入密码："，选中文本，在"属性"面板中，设置"水平"为"右对齐"。再将光标插入点定位到旁边的单元格中，在"表单"插入栏中单击"文本字段"按钮，添加单行文本字段，选中该文本字段，在"属性"面板中，将"类型"设置为"密码"，"字符宽度"设置为"10"，"最多字符数"设置为"18"。将光标插入点定位到添加的文本字段的后面，在"属性"面板中，设置"水平"为"左对齐"，效果如图7-16所示。

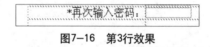

图7-16　第3行效果

09 将光标插入点定位到第4行第1个单元格中，输入文本"性别："，选中文本，在"属性"面板中，设置"水平"为"右对齐"。将光标插入点定位到旁边的单元格中，在"表单"插入栏中单击"单选按钮"按钮，如图7-17所示，添加单选按钮，在其后输入文本"男"，用同样的方法在其后添加"女"单选按钮。将光标插入点定位到添加的单选按钮后，在"属性"面板中，设置"水平"为"左对齐"。效果如图7-18所示。

图7-17　单选按扭

图7-18　第4行效果

10 将光标插入点定位到第5行第1个单元格中，输入文本"生日："，选中文本，在"属性"面板中，设置"水平"为"右对齐"。将光标插入点定位到旁边的单元格中，在"表单"插入栏中单击"文本字段"按钮，添加单行文本字段，选中该文本字段，在"属性"面板中，将"字符宽度"设置为"6"，"最多字符数"设置为"4"，在其后输入文本"年"。然后将光标插入点定位到添加的文本"年"后面，在"属性"面板中，设置"水平"为"左对齐"，效果如图7-19所示。

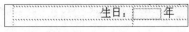

图7-19　第5行效果

11 将光标插入点定位到第6行第1个单元格中，输入文本"喜欢的作家:"，选中文本，在"属性"
面板中，设置"水平"为"右对齐"。将光标插入点定位到旁边的单元格中，在"表单"插入
栏中单击"文本字段"按钮，添加单行文本字段，选中该文本字段，在"属性"面板中，将
"字符宽度"设置为"80"，"最多字符数"设置为"50"。然后将光标插入点定位到添加的
文本字段的后面，在"属性"面板中，设置"水平"为"左对齐"，效果如图7-20所示。

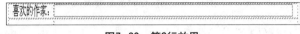

图7-20　第6行效果

12 将光标插入点定位到第7行第1个单元格中，输入文本"喜欢的书:"，选中文本，在"属性"
面板中，设置"水平"为"右对齐"。将光标插入点定位到旁边的单元格中，在"表单"插入
栏中单击"文本字段"按钮，添加单行文本字段，选中该文本字段，在"属性"面板中，将
"字符宽度"设置为"80"，"最多字符数"设置为"50"。然后将光标插入点定位到添加的
文本字段的后面，在"属性"面板中，设置"水平"为"左对齐"，效果如图7-21所示。

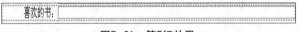

图7-21　第7行效果

13 将光标插入点定位到第8行第1个单元格中，输入文本"E-mail："，选中文本，在"属性"面
板中，设置"水平"为"右对齐"。将光标插入点定位到旁边的单元格中，在"表单"插入栏
中单击"文本字段"按钮，添加单行文本字段，选中该文本字段，在"属性"面板中，将"字
符宽度"设置为"30"，"最多字符数"设置为"30"。然后将光标插入点定位到添加的文本
字段的后面，在"属性"面板中，设置"水平"为"左对齐"，效果如图7-22所示。

图7-22　第8行效果

14 将光标插入点定位到第9行第1个单元格中，输入文本"个性宣言："，选中文本，在"属
性"面板中，设置"水平"为"右对齐"。将光标插入点定位到旁边的单元格中，在"表
单"插入栏中单击"文本区域"按钮，如图7-23所示，创建文本区域，然后选中该文本区
域，在"属性"面板中，将"字符宽度"设置为"60"，"行数"设置为"6"，如图7-24
所示。将光标插入点定位到添加的文本区域的后面，在"属性"面板中，设置"水平"为
"左对齐"，效果如图7-25所示。

图7-23　单击"文本区域"命令

图7-24　设置"属性"面板

图7-25　添加文本区域效果

15 将光标插入点定位到最后一个单元格中，在"表单"插入栏中单击"按钮"按钮，如图7-26所示，为表单添加按钮，效果如图7-27所示。

图7-26　添加按钮

图7-27　添加按钮效果

16 选中该按钮，在"属性"面板中的"值"文本框中输入"我要提交"，如图7-28所示。将光标插入点定位到添加的按钮后面，在"属性"面板中，设置"水平"为"居中对齐"，修改后的按钮如图7-29所示。选中表格，调整其大小，如图7-30所示。

图7-28　设置文本框属性

图7-29　修改后的按钮

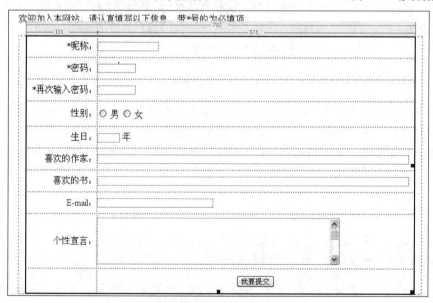

图7-30　调整后的表格大小

17 选项"文件">"保存"命令，保存网页，按F12键浏览网页。

任务 2 制作电子邮件表单

任务背景

某学校举行"棋类大赛",在校网上进行宣传,并通过网络报名。为了具有良好的交互性,将收集的所有参赛填写表单直接反馈到组织者的邮箱中,需制作网上报名表,效果如图7-31所示。

图7-31 网上报名表效果图

任务要求

报名网页界面简洁大方,排版规范。

重点、难点

1. 列表/菜单。
2. 跳转菜单。

【技术要领】填写表单时,有些信息不用输入,只需要选择。

【解决问题】制作表单时,可使用列表/菜单、复选框、单选按钮。

【应用领域】个人网站;企业网站。

【素材来源】模块7\素材\7.2。

任务分析

在设计之前对此次"棋类大赛"进行分析,确定项目与参赛者的基本信息,通过简单的电子邮件提交表单,收集访问者的反馈信息,它不需要很多脚本语言,只利用表单本身的一些属性,就能达到客户填写表单后发送电子邮件的效果。

操作步骤

添加表单

01 启动Dreamweaver CS5软件,选择"文件">"打开"命令,弹出"打开"对话框,选择"模块7\素材\7.2\mailbd.html"网页,单击"打开"按钮,效果如图7-32所示。

图7-32 打开"mailbd.html"网页

02 将光标插入点定位到水平线下方，输入文字"请认真填写以下信息，此信息将作为参赛的依据"，选中文字，在"属性"面板中设置文本"大小"为"16"像素，效果如图7-33所示。

图7-33 输入文字

03 在输入的文本末尾，按"Enter"键，将光标插入点定位到文本下方，单击"表单"插入栏中的"表单"按钮，添加表单，如图7-34所示。选中添加的表单，在表单属性❸面板中的"动作"文本框中输入"mailto:yujunli@pfc.cn"，在"方法"下拉列表框中选择"POST"❹选项，如图7-35和图7-36所示。

图7-34 插入表单按钮

图7-35 添加表单效果

图7-36 设置属性

表格布局

04 将光标插入点定位到表单中，选择插入栏中的"常用">"表格"命令，弹出"表格"对话框，设置表格属性，"行数"为"2"，"列"为"1"，"表格宽度"为"600"像素，"边框粗细"为"0"像素，"单元格边距"、"单元格间距"均为"0"，单击"确定"按钮，如图7-37所示。选中表格，在"属性"面板中设置"对齐"为"居中对齐"，效果如图7-38所示。

图7-37　设置表格属性

图7-38　添加表格效果

添加表单对象[5]

05 将光标插入点定位到第1行单元格中，按Enter+Shift组合键换行，在单元格中输入文本"姓名："，选中文本，在"属性"面板中，设置"水平"为"左对齐"，在"表单"插入栏中单击"文本字段"按钮，添加单行文本字段，如图7-39所示。

图7-39　预览效果

06 选中该文本字段，在"属性"面板中，将"字符宽度"设置为"16"，"类型"设置为"单行"，如图7-40所示。然后将光标插入点定位到添加的文本字段的后面，输入文字"（真实姓名）"，如图7-41所示。

图7-40　设置文本字段属性

图7-41　设置后的效果

07 按Enter+Shift组合键换行，输入文本"密码："，在"表单"插入栏中单击"文本字段"按钮，添加单行文本字段，如图7-42所示。

图7-42　添加单行文本字段

08 选中该文本字段，在"属性"面板中，将"字符宽度"设置为"16"，"类型"设置为"密码"，如图7-43所示，效果如图7-44所示。

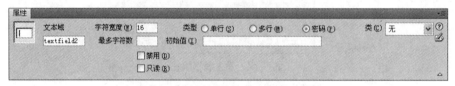

图7-43　设置文本字段属性

图7-44　预览效果

09 按Enter+Shift组合键换行，输入文本"所在区域："，在"表单"插入栏中单击"选择（列表/菜单）"按钮，如图7-45所示，添加"选择（列表/菜单）"，效果如图7-46所示。

图7-45　单击"选择（列表/菜单）"按钮　　　图7-46　添加"选择（列表/菜单）"效果

10 选中该文本字段，在"属性"面板中，单击"列表值"按钮，如图7-47所示，弹出"列表值"对话框，如图7-48所示。

图7-47　单击"列表值"按钮

图7-48 "列表值"对话框

11 单击对话框中的 ⊞ 按钮，添加相应的项目标签和值，如图7-49所示，单击"确定"按钮，添加到"属性"面板中的"初始化时选定"列表框中，然后将"类型"设置为"菜单"，如图7-50所示，设置项目值的列表框效果如图7-51所示。

图7-49 "列表值"对话框

图7-50 设置列表/菜单属性

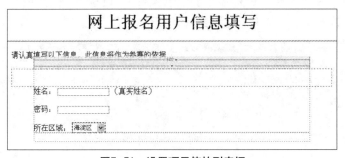

图7-51 设置项目值的列表框

12 按Enter+Shift组合键换行，输入文本"参赛项目："，在"表单"插入栏中单击"复选框"按钮，如图7-52所示，添加复选框，效果如图7-53所示。

图7-52 单击"复选框"按钮

图7-53 添加复选框效果

13 选中复选框，在"属性"面板中，将"初始状态"设置为"未选中"，如图7-54所示。在复选框后输入文字"军棋"，如图7-55所示。

图7-54 设置"属性"面板

图7-55 复选框后输入文字"军棋"

14 按照步骤12和步骤13，插入其他复选框并输入文字，效果如图7-56所示。

图7-56 添加其他复选框并输入文字效果

15 按Enter+Shift组合键换行，输入文本"职业："，在"表单"插入栏中单击"单选按钮"按钮，如图7-57所示，添加单选选项，效果如图7-58所示。

图7-57 单击"单选按钮"按钮

图7-58 添加单选按钮效果

16 选中单选按钮，在"属性"面板中，将"初始状态"设置为"未选中"，如图7-59所示，在单选按钮后输入文字"学生"，如图7-60所示。

图7-59 "属性"面板初始状态设置

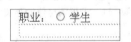

图7-60 单选选项后输入文字"学生"

17 按照步骤15和步骤16，插入其他单选按钮并输入文字，如图7-61所示。

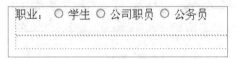

图7-61 插入其他单选按钮并输入文字

18 按Enter+Shift组合键换行，输入文本"个人照片："，在"表单"插入栏中单击"文件域"按钮，如图7-62所示，添加文件域，如图7-63所示。

图7-62　单击"文件域"按钮

图7-63　添加文件域

19 按Enter+Shift组合键换行，输入文本"详细个人简历："，按Enter+Shift组合键换行，在"表单"插入栏中单击"文本区域"按钮，如图7-64所示，添加文本域，如图7-65所示。

图7-64　单击"文本区域"按钮

图7-65　预览效果

20 选中文本域，在"属性"面板中，设置"字符宽度"为"80"，"行数"为"8"，"类型"为"多行"，如图7-66所示，修改后的文本区域如图7-67所示。

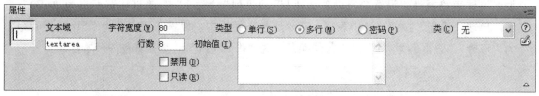

图7-66　"属性"面板设置

图7-67　修改后的文本区域

21 将光标插入点定位到第2行单元格中，在"表单"插入栏中单击"按钮"按钮，如图7-68所示，为表单添加按钮，如图7-69所示。

图7-68　单击"按钮"按钮

图7-69　为表单添加按钮

22 选中该按钮，在"属性"面板中的"值"文本框中输入"提交"，设置动作为"提交表单"，如图7-70所示。

图7-70 设置"提交"按钮属性

23 将光标插入点定位到添加的按钮后面，在"表单"插入栏中单击"按钮"按钮，在"属性"面板中的"值"文本框中输入"重置"，设置"动作"为"重设表单"。然后将光标插入点定位到添加的按钮后面，在"属性"面板中，设置"水平"为"居中对齐"，如图7-71和图7-72所示。

图7-71 设置"重置"按钮属性

图7-72 添加按钮效果

24 将光标插入点定位到表格外，选择插入栏中的"常用">"表格"命令，弹出"表格"对话框，设置表格属性，设置"行数"为"1"，"列"为"1"，"表格宽度"为"600"像素，单击"确定"按钮。选中表格，在"属性"面板中，设置"填充"为"5"，"间距"为"1"，"边框"为"1"，"背景颜色"为"#FFFFFF"，效果如图7-73所示。

图7-73 添加表格效果

25 将光标插入点定位到新插入的表格中，在"表单"插入栏中单击"跳转菜单"按钮，如图7-74所示，弹出"插入跳转菜单"对话框，如图7-75所示。

图7-74 单击"跳转菜单"按钮

图7-75 "插入跳转菜单"对话框

26 在对话框中单击⊞按钮添加跳转菜单项，并输入项目名称，单击"选择时，转到URL"文本框右侧的"浏览"按钮，弹出"选择文件"对话框，选择链接的目标，或者直接输入网址，如图7-76所示，单击"确定"按钮，将光标插入点定位到菜单按钮后，在"属性"面板中，设置"水平"为"左对齐"，效果如图7-77所示。

图7-76 添加项目

图7-77 跳转菜单效果

27 选择"文件">"保存"命令保存网页，按F12键浏览网页。

知识点拓展

❶ 表单基础知识

（1）表单概念

表单在网络中很常见，例如，申请电子邮箱时填写的个人信息的页面、网上购物填写的购物单等都是表单。表单通常由单选按钮、复选框、文本框以及按钮等多个表单对象组成，网站管理员可以通过表单从浏览者处收集需要的信息，从而实现信息的传递，如图7-78所示。

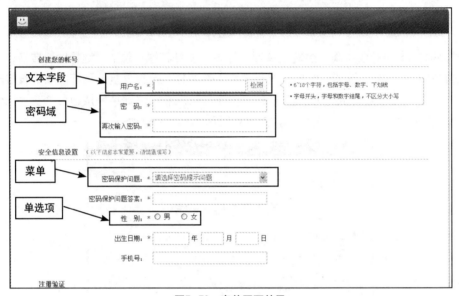

图7-78　表单网页效果

（2）理解表单交互过程

表单的交互过程如下。

- 来访者在浏览器中填写表单，单击"提交"按钮将所填写的信息发送到服务器端。
- 表单结果传送到站点服务器的表单处理程序。
- 表单处理程序将填写的表单结果追加到相关数据库中，或者根据获得的数据生成结果通知页面。
- 服务器将结果通知页面返回到客户端浏览器中。

❷ 插入栏中的表单选项

选择插入栏中的"表单"选项卡，如图7-79所示，也可以选择 "插入"＞"表单"命令，在其级联菜单中选择适当的表单选项进行插入，"表单"级联菜单各命令说明如表7-1所示。

图7-79　"表单"插入栏

表7-1　"表单"级联菜单中各命令说明

命令	说明
表单	在文档中插入一个存放表单元素的区域，在源代码中以<form>…</form>为标记
文本域	插入在表单中的文本框
隐藏域	在文档中插入文本域，使用户的数据能够隐藏在那里
文本区域	以多行形式输入文本
复选框	在表单里插入复选框，表示在表单中允许用户从一组选项中选择多个选项
单选按钮	在表单里插入单选按钮，表示在一组选项中一次只能选择一个选项
单选按钮组	在表单里一次可以插入多个单选按钮，表示在一组选项中一次只能选择一个选项
列表/菜单	在表单中插入列表或菜单。列表可以以列表的方式显示一组选项，根据设置的不同，用户可以在其中选择一项或多项。列表的一种特例是下拉列表，平常只显示一行，单击右方的箭头可以展开列表，允许进行单项选择
跳转菜单	在文档的表单中插入一个导航条或者弹出式菜单，也可以为链接文档插入一个表单
图像域	在表单中插入图像
文件域	在表单中插入一个空白文本域或"浏览"按钮，文件域允许用户在硬盘上浏览文件和更新表单中的数据文件
按钮	在表单中插入一个文本按钮，如"提交"按钮或是"复位"按钮，单击按钮可以执行某一个脚本或程序
标签	在表单加上标签，以<label>…</label>形式开头和结尾
字段集	在文本中设置文本标签

❸ 表单属性

在网页中要添加表单对象，如文本域、按钮等，首先必须创建表单。表单在浏览网页中是属于不可见的元素，创建表单后，用红色的虚轮廓指示表单，选中表单后，在"属性"面板中可以设置表单的各项属性，如图7-80和表7-2所示。

图7-80　表单的"属性"面板

表7-2　表单"属性"面板的说明

选项	说明
表单名称	可以在下面的文本框中输入表单名称，方便以后程序控制
动作	在文本框中指定处理该表单的动态页或脚本的路径。可以在文本框中输入完整路径，也可以单击后面的"浏览文件"按钮定位到包含该脚本或应用程序页的适当文件夹
目标	在"目标"下拉列表框中指定一个窗口，在该窗口中显示调用程序所返回的数据。如果命名的窗口尚未打开，则会打开一个具有该名称的新窗口，目标值如下。 _blank：在未命名的新窗口中打开目标文档 _parent：在显示当前文档窗口的父窗口中打开目标文档 _self：在提交表单所使用的窗口中打开目标文档 _top：在当前窗口的窗体内打开目标文档。此值可用于确保目标文档占用整个窗口，即使原始文档显示在框架中
方法	在"方法"下拉列表框中，选择需要设置表单数据发送的方法，其"方法"如下。 POST：表示将表单数据发送到服务器时，以POST方式请求 GET：表示将表单数据发送到服务器时，以GET方式请求 默认：使用浏览器的默认设置将表单数据发送到服务器。通常，默认方法为GET方法
MIME类型	指定提交给服务器进行处理的数据所使用的编码类型。默认为application/x-www-form-urlencoded，通常与POST方法协同使用。如果要创建文件上传表单，应选择multipart/form-data类型

❹ 表单提交中POST和GET方式的区别

POST和GET方式的区别如下。

- GET是从服务器上获取数据，而POST是向服务器传送数据。
- GET是把参数数据队列加到提交表单的ACTION属性所指的URL中，值和表单内各个字段一一对应，在URL中可以看到。POST是通过HTTP-POST机制，将表单内各个字段与其内容放置在HTML HEADER内一起传送到ACTION属性所指的URL地址。用户看不到这个过程。
- 对于GET方式，服务器端用Request.QueryString获取变量的值，对于POST方式，服务器端用Request.Form获取提交的数据。
- GET传送的数据量较小，不能大于2KB。POST传送的数据量较大，一般被默认为不受限制。理论上，IIS4中最大量为80KB，IIS5中为100KB。
- GET限制FORM表单的数据集的值必须为ASCII字符；而POST支持整个ISO 10646字符集。
- GET安全性非常低，POST安全性较高。
- GET是Form的默认方法。

❺ 认识表单对象

表单对象有很多，主要包括文本字段、文本区域、隐藏域、复选框、单选按钮、单选按钮组、列表/菜单、文本域和图像域等，它们各有不同作用。

（1）文本字段

文本字段是最常见的表单对象之一，可以是单行或多行，也可以是密码域。其中密码是用"*"显示，不可见。文本字段可接受任何类型文本内容的输入，如图7-81所示。

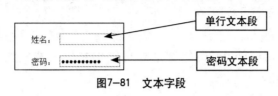

图7-81　文本字段

（2）隐藏域

隐藏域可以存储访问者输入的信息内容，并向服务器提供这些数据，便于通过后台处理程序，以实现在该访问者下次访问此站点显示这些数据的目的。例如，浏览者在登录时输入了用户名，隐藏域就会将其记录下来，在访问者打开该网站其他页面时就会显示一段包含访问者姓名的欢迎信息。

（3）复选框

复选框允许在一组选项中选择一个或多个选项，具有多选性，如图7-82所示。

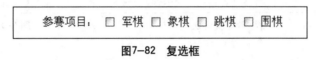

图7-82　复选框

（4）单选按钮

单选按钮具有唯一性，在同组选项中只能选择一个选项，如图7-83所示，如果选中了一个选项再选另一个选项，则先选中的选项会被取消。

图7-83　单选按钮

（5）单选按钮组

如果需要添加的单选按钮较多，可以使用单选按钮组在网页中一次添加多个单选按钮。

（6）列表/菜单

在列表中允许访问者选择多个选项，而在菜单中只允许访问者从中选择一项，浏览者可通过列表和菜单提供的选项选择适当的值。图7-84为列表，单击列表框中的🔺或🔻按钮可滚动显示列表中的选项；图7-85为菜单。

图7-84　列表　　　　　　　图7-85　菜单

（7）跳转菜单

跳转菜单外观看起来和菜单一样，不同的是在跳转菜单中可以创建Web站点内文档的链接、其他Web站点上文档的链接、电子邮件链接及图形链接等。单击跳转菜单中的任意一个选项，可跳转到相应的网页。

（8）图像域

使用图像域可以用Fireworks等图形处理软件制作一些较漂亮的按钮图像来代替Dreamweaver默认的按钮。

（9）文件域

文件域可以使访问者浏览到本地计算机上的某个文件，并将该文件作为表单数据上传，如图7-86所示。

（10）按钮

按钮可用作提交或重置表单等，只有在被单击时才能执行操作。可以为按钮添加自定义的名称或标签，或使用预定义的"提交"、"重置"标签，如图7-87所示。

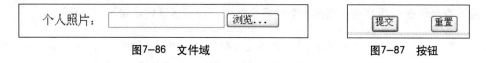

图7-86　文件域　　　　　　　　　　图7-87　按钮

独立实践任务

任务 3 制作"网上报名"网页

任务背景

某学校要开展"运动会宣传海报设计大赛",由于学校人数较多,并考虑到方便性,学校采取了网上报名的形式。

任务要求

网页设计能体现"大赛"的主题,报名表信息包括姓名、性别、出生年月日、专业、爱好、设计经历、自我介绍等。

【技术要领】制作出生年月日的表单对象。

【解决问题】下拉菜单的使用。

【应用领域】个人网站;企业网站。

【素材来源】无。

任务分析

主要制作步骤

职业技能知识点考核

一、单选题

1. 下列（　）不是按钮的类型值。

A. password　　　　　B. none　　　　　C. reset　　　　　D. submit form

2. 输入时显示星号的是（　）类型的文本框。

A. multiline　　　　　B. password　　　　C. single line　　　D. value

3. HTML中表单的标记是（　）。

A. <form>···</form>

B. <input type="text" name="textfield"···

C. < input type ="checkbox" name ="checkbox2" value＝"checkbox">

D. < input name="botton"type=" submit" id="botton" value＝"提交">

4. 表示（　）元素。

A. 命令按钮　　　　　B. 复选框　　　　　C. 单选按钮　　　　D. 列表

5. 下面（　）不是标准表单按钮的通常标记。

A. 提交　　　　　　　B. 重复　　　　　　C. 发送　　　　　　D. 清除

二、填空题

1. 表单有两个重要组成部分，一个是＿＿＿＿＿＿＿＿；另一个是＿＿＿＿＿＿＿＿。

2. 创建一个文本框，在设置"字符宽度"时接受默认设置，文本域的长度设置为＿＿＿＿＿＿＿＿个字符。

Adobe Dreamweaver CS5

模块 08

网页中CSS样式的应用

样式表在网页中具有广泛的应用，在浏览网页时所看到的各种网页效果都离不开样式表。CSS（Cascading Style Sheet，层叠样式表）是专门用来对网页的背景、文字、图形等元素进行美化的样式表。通过Dreamweaver的样式表编辑功能，可以轻松定义各种样式表。

能力目标

1. 能够创建CSS样式表

2. 能够对网页文档进行基本的CSS样式设置

学时分配

8课时（讲课6课时，实践2课时）

知识目标

1. 掌握CSS语法规则

2. 了解CSS特性

3. 了解CSS类型

4. 掌握CSS创建方法

模拟制作任务

任务 1 设置文本样式

任务背景

通过设置文本样式，可以控制网页中的文字字体、字号、颜色等参数。"师生作品展示平台"网站中的"课外活动"页面已经基本制作完成，但是网页文本还未进行CSS样式设置，现需要为该网页设置CSS样式，效果如图8-1所示。

任务要求

CSS样式的设置要美观、大方，方便阅读。

重点、难点

重点掌握CSS创建文字样式的方法。

图8-1　文本样式效果图

【技术要领】新建CSS样式；类选择器；标签选择器；高级选择器；CSS样式应用。

【解决问题】设置文本CSS样式。

【应用领域】CSS网页制作。

【素材来源】模块8\素材\练习网站\campus_news.html。

任务分析

文字是网页最重要的组成部分，如果网页的所有文字都通过"属性"面板来设置格式，效率会很低。而通过CSS来设置文字样式，可以大大提高效率。

操作步骤

打开网页

01 在Dreamweaver CS5中打开素材网页"campus_news.html"，此时还没有为该网页设置CSS样式❶，如图8-2所示。

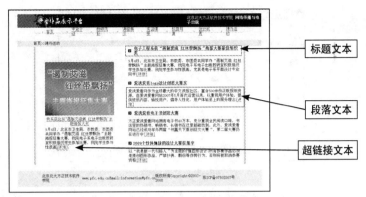

图8-2　未设置CSS样式的网页

创建CSS样式❷

02 该网页中的文本主要有3种，标题文本、段落文本和一些超链接文本，如图8-2所示。首先对段落文本创建一个样式，选择"格式"＞"CSS样式"＞"新建"命令，弹出"新建CSS规则"对话框。在"选择器类型"选项组中，选择"类"选项，在"选择器名称"选项组中将类命名为"pp"，如图8-3所示。

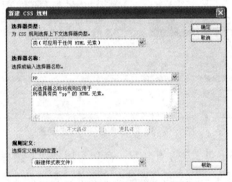

图8-3　"新建CSS规则"对话框

03 单击"确定"按钮后，在本地保存CSS文档，如campus_news.css。保存后，自动打开".pp的CSS规则定义"对话框，设置"文字"大小为"12"像素、"行高"为"1.5"倍行高，"颜色"为"#000"，如图8-4所示。

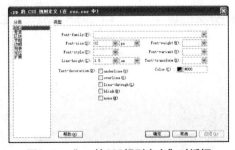

图8-4　".pp的CSS规则定义"对话框

04 在"分类"列表框中选择"区块"选项，将"首行缩进"字符的数值设置为"2"，单击"确定"按钮，如图8-5所示。

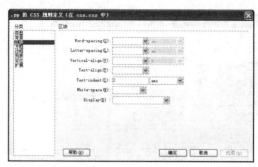

图8-5 设置缩进

05 分别选中各段落文本，将其样式都设置成".pp"样式，如图8-6所示。这样段落文本的CSS样式就设置完成了。

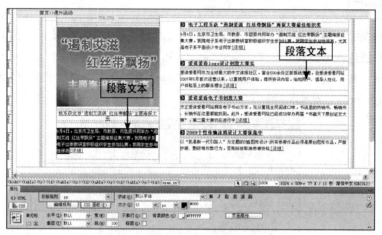

图8-6 段落文本的CSS样式设置

06 标题文本均在span标签下，并且都是超链接，所以可以创建高级样式span a:link、span a:visited和span a:hover来设置标题文本的不同链接状态。首先设置标题文本字体的CSS样式。选择"格式">"CSS样式">"新建"命令，弹出"新建CSS规则"对话框。在"选择器类型"选项组中选择"复合内容"选项，在"选择器名称"下拉列表框中选择"a:link"选项，然后在其前面输入"span"，如图8-7所示，单击"确定"按钮，弹出"span a:link的CSS规则定义"对话框，设置文字"大小"为"12"像素，"颜色"为"#082E99"，无修饰，如图8-8所示。

图8-7 "新建CSS规划"对话框

图8-8 "span a:link的CSS规则定义"对话框

07 设置当光标移动到标题文本上时的CSS样式。选择"格式">"CSS样式">"新建"命令，弹出"新建CSS规则"对话框。在"选择器类型"选项组中,选择"复合内容"选项,在"选择器名称"下拉列表框中选择"a:hover"选项,然后在其前面输入"span",单击"确定"按钮,弹出"span a:hover的CSS规则定义"对话框,设置文字"大小"为"12"像素,"颜色"为"#FD0002",并设置"下划线",如图8-9所示。

图8-9 "span a:hover的CSS规则定义"对话框

08 设置访问标题文本过后的CSS样式。在"CSS样式"面板右下角单击"新建CSS样式"按钮,弹出"新建CSS规则"对话框。在"选择器类型"选项组中选择"复合内容"选项,在"选择器名称"下拉列表框中选择"a:visited"选项,然后在其前面输入"span",单击"确定"按钮,弹出"span a:visited的CSS规则定义"对话框,设置文字"大小"为"12"像素,颜色为"#CC0066",并设置"无下划线",如图8-10和图8-11所示。

图8-10 "新建CSS规则"对话框

图8-11 "span a:visited的CSS规则定义"对话框

09 用同样的方法对超链接文本设置CSS样式,主要包括网站导航文字和文字"详细"。导航栏文字可以直接设置a:link、a:hover和a:visited样式,"详细"文字可以设置.pp a:link、.pp a:hover和.pp a:visited样式,如图8-12所示。

图8-12 "CSS样式"面板

10 按Ctrl+S组合键保存,按F12键预览最终效果,如图8-1所示。

任务 2 设置背景样式

任务背景

现有CSS zen GaRden网页已经基本设计制作完成，但网页背景图片和背景颜色还没有设置。现在需要给该网页添加背景颜色和背景图片，效果如图8-13所示。

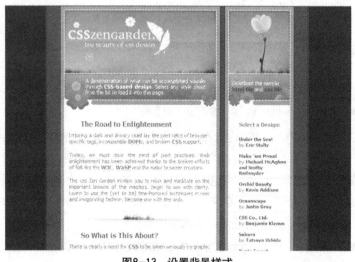

图8-13　设置背景样式

任务要求

为CSS zen GaRden网页设置背景颜色和图片，要求设计美观、大方。

重点、难点

本任务难点是背景颜色和背景图片的同时使用，重点是掌握背景颜色和背景图片的创建方法。

【技术要领】创建标签样式；background-color和background-image的属性设置。

【解决问题】网页背景颜色或背景图片设置。

【应用领域】CSS网页制作。

【素材来源】模块8\素材\8.2\css zen garden\练习版本\CSS zen GaRden.html。

任务分析

默认的网页背景颜色是白色，可以为网页设置黑色、浅蓝色或者粉色等背景颜色；也可以为网页设置背景图片，背景图片可以是单独一张，不平铺，也可以是沿X轴或Y轴平铺。背景颜色和背景图片也可以同时使用。

操作步骤

打开网页

01 在Dreamweaver中打开素材网页"模块8\素材\8.2\css zen garden\练习版本\CSS zen GaRden.html"，此时还没有为该网页设置CSS样式，如图8-14所示。

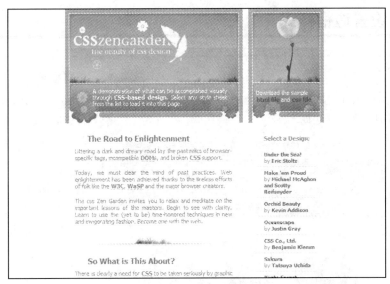

图8-14 打开素材网页

创建CSS样式

02 设置网页背景可以是背景颜色，也可以是背景图片，或者两者同时设置。设置背景可以是对body、p、div标签或者表格、单元格等多种网页元素进行设置。在"CSS样式"面板中（可以通过选择"窗口" > "CSS样式"命令打开"CSS样式"面板），选择"body"标签样式，设置"background-color"属性值为"#626262"，如图8-15所示。

03 在"CSS样式"面板中，选择"#container"标签样式，如图8-16所示。"#container"是该网页最外层div的ID样式。

04 单击"添加属性"超链接，在其下拉列表中选择"background-image"属性。单击"浏览文件"按钮，如图8-17所示，在弹出的"选择图像源文件"对话框中选择背景图片"css zen garden\练习版本\190\bg_main.gif"。

图8-15 背景颜色设置

图8-16 标签样式设置

图8-17 背景图片设置

05 按Ctrl+S组合键保存，按F12键浏览最终效果。

任务 3 设置边框样式

任务背景

现有网页border.html，如图8-18所示，为了增强图片显示效果，希望给每张图片添加一个边框。

图8-18 border.html网页

任务要求

对border.html网页图片进行边框设置，增强图片显示效果。

重点、难点

本任务比较简单，重点是掌握创建边框的方法。

【技术要领】创建类样式；边框、方框属性的设置。

【解决问题】为网页中的图片添加边框样式。

【应用领域】CSS网页制作。

【素材来源】模块8\素材\边框方框。

任务分析

边框样式可以作用于选中的文本或图片，它对应CSS中的border。为图片添加边框，再配合阴影效果等，可以让图片具有更好的显示效果。

操作步骤

打开网页

01 打开"模块8\素材\边框方框\border.html"网页，选择"格式" > "CSS样式" > "新建"命令，弹出"新建CSS规则"对话框。在"选择器类型"选项组中选择"类"选项，在"选择器名称"选项组中输入"bk"，在"规则定义"选项组中选择"仅限该文档"选项，如图8-19所示。

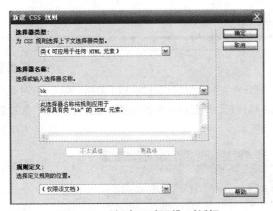

图8-19　"新建CSS规则"对话框

创建类样式

02 单击"确定"按钮，弹出".bk的CSS规则定义"对话框，在左边的"分类"列表框中选择"边框"选项。

03 设置边框样式，选中"全部相同"复选框，设置样式为"脊状"，"宽度"为"细"，"颜色"为"#1FA9DD"，如图8-20所示。

04 单击"确定"按钮，完成边框的创建。选择需要应用边框样式的部分，如第2张图片，然后在其"属性"面板的"类"下拉列表框中选择"bk"选项，如图8-21所示。

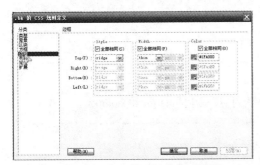

图8-20　".bk的CSS规则定义"对话框

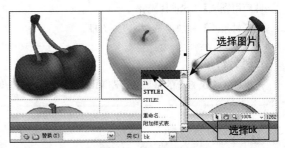

图8-21　设置边框样式

05 按Ctrl+S组合键保存，按F12键浏览最终效果，如图8-22所示。

图8-22　最终效果

任务 4 设置方框样式

任务背景

现有网页border.html，在任务3中，已经给图片添加了边框，但是边框紧贴图片，效果不够理想，希望边框能够与图片保持一定的距离，使效果如图8-23所示。

图8-23　方框样式

任务要求

对网页border.html的图片边框设置继续完善，为其设置方框效果。

重点、难点

本任务比较简单，重点是掌握创建方框的方法。

【技术要领】创建类样式；边框、方框属性的设置。

【解决问题】为网页中的图片添加方框样式。

【应用领域】CSS网页制作。

【素材来源】模块8\素材\边框方框。

任务分析

方框样式中最重要的是设置边距和填充属性，边距和填充对应CSS中的margin和padding。

操作步骤

01　打开"模块8\素材\边框方框\border.html"网页，选择"窗口">"CSS样式"命令，打开"CSS样式"面板，可以看到在任务3中创建的".bk"样式，如图8-24所示。双击".bk"选项，弹出".bk的CSS规则定义"对话框，在"分类"列表框中选择"方框"选项，进行如图8-25所示的设置。

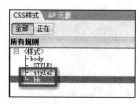

图8-24　CSS样式

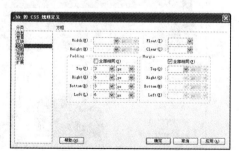

图8-25　".bk的CSS规则定义"对话框

"方框"设置框中各选项含义如下。

- 宽：设置盒子的宽度。
- 高：设置盒子的高度。
- 浮动：指定元素的浮动方式，有"左对齐"、"右对齐"和"无"3个选项，"无"表示不浮动。
- 清除：不允许元素浮动。其中"左对齐"表示不允许左边有浮动对象，"无"表示允许左右两边都有浮动对象，"两者"表示左右两边都不允许有浮动对象。
- 填充：设置上下左右4个方向的填充距离。
- 边界：设置上下左右4个方向的边界距离。

02 单击"确定"按钮，完成设置。

03 按Ctrl+S组合键保存，按F12键浏览最终效果。

任务 5 设置列表样式

任务背景

现有网页border.html，在本模块任务3和任务4中，已经给图片添加了边框，但是左边的文字未添加列表样式，效果不够理想，希望给该文字添加列表样式，使效果如图8-26所示。

图8-26 设置列表样式

任务要求

对网页border.html继续完善，为其设置列表样式效果。

重点、难点

本任务通过Dreamweaver可以轻松完成，重点是掌握列表样式的创建方法。

【技术要领】创建类样式；列表样式属性的设置。

【解决问题】为网页中的文字添加列表样式。

【应用领域】CSS网页制作。

【素材来源】模块8\素材\边框方框。

任务分析

列表样式既可以是数字样式，也可以是图形符号样式，对应于CSS样式中的list-style标记。列表样式的设置，可使文本显示更加有序。

操作步骤

打开网页和CSS样式窗口

01 打开"模块8\素材\边框方框\border.html"网页，再打开"CSS样式"面板，可以看到
".style2"样式，如图8-27所示，双击".style 2"选项，弹出".style2的CSS规则定义"对
话框，在"分类"列表框中选择"列表"选项，如图8-28所示。

图8-27　CSS样式

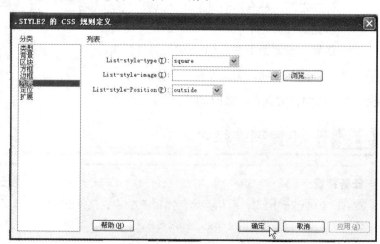

图8-28　.style2的CSS规则定义

设置列表样式

02 在"列表"设置框中，设置"类型"为"方块"，"位置"为"外"。其中在"类型"下
拉列表框中可以选择不同的列表符号，如圆点、圆圈、方块、数字等。在"项目符号图
像"列表框中可将项目符号图像设置成指定的图像。"位置"下拉列表框中的"内"选项
表示项目符号在文本以内，"外"选项表示项目符号在文本以外。

03 在网页文档中，逐一选中需要添加列表的对象，即网页左边的每一行文字，在"属性"面
板中单击项目列表样式按钮，然后在"样式"下拉列表框中选择"style2"选项，在"格
式"下拉列表框中选择"段落"选项，如图8-29所示。

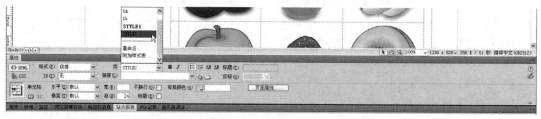

图8-29　"属性"面板

04 按Ctrl+S组合键保存，按F12键浏览最终效果。

知识点拓展

❶ CSS样式

简单地说，CSS样式就是定义网页格式的代码。

（1）CSS语法规则

① CSS语法构成

CSS 语法由3部分构成，选择器、属性和值。样式规则组成格式如下。

```
selector{property:value}
```

选择器（selector）通常是用户希望定义的 HTML 元素或标签，属性（property）是用户希望改变的属性，并且每个属性都有一个值，属性和值用冒号隔开，并用花括号括住，这样就组成了一个完整的样式声明（declaration）。例如：

```
body {color : blue}
```

该行代码的作用是将 body 元素内的文字颜色定义为蓝色。其中，body 是选择器，而括在花括号内的部分是声明。声明依次由属性和值两部分构成，color 为属性，blue 为值。

② 引号用法

如果值为若干单词，则要给值加引号。例如：

```
p {font-family: "sans serif "; }
```

③ 多重声明

如果要定义的声明不止一个，则需要用分号将每个声明分开。下面的例子展示出如何定义一个红色文字的居中段落。最后一条规则是不需要加分号的，因为分号在英语中是一个分隔符号，不是结束符号。然而，大多数有经验的设计师会在每条声明的末尾都加上分号，其好处是，当用户从现有的规则中增减声明时，会尽可能地减少出错的可能性。例如：

```
p {text-align:center ; color : red; }
```

通常在每行只描述一个属性，这样可以增强样式定义的可读性，例如：

```
p {
    text-align: center;
     color: black;
    font-family: arial;
}
```

④ 选择器的分组

可以对选择器进行分组，这样，被分组的选择器就可以分享相同的声明。用逗号将需要分组的选择器分开。下面的例子对所有的标题元素进行了分组，并且所有的标题元素都是绿色的。

```
h1, h2, h2, h3, h5, h6{
   color: green;
}
```

（2）CSS的特性

CSS的主要特性是层叠性和继承性。

① 层叠性

所谓"层叠性"，简单地说，就是对一个元素设置了属性值，而在后面设置的属性值将覆盖前面的设置。浏览器自己带有对段落文本定义字体和字体大小的样式表，如在IE浏览器中段落文本默认显示为Times New Roman中等字体。但是，如果用户创建了自己的样式表，如下面代码所示，则该段落文本将以黑体显示，大小为12像素。

```
P{
    font-size:12px;
    font-family:黑体，宋体；
    color:red;
}
```

② 继承性

网页上大多数属性都是继承而来的。例如，段落标签从body标签中继承了某些属性，项目列表标签从段落标签中继承了某些属性等。一般来说，外层标签的属性将被内层标签继承。

（3）CSS的类型

CSS有类样式、标签样式和高级样式3种类型。

① 类样式

类样式也称为自定义样式，可以将样式属性设置在任何文本范围或文本块中，其特点是：定义样式后必须在需要用样式的地方应用它，否则就不起任何作用。所有类样式均以句号（.）开头，例如：

```
.red{color:red}
```

用于为网页中class="red"的文本设置颜色。

② 标签样式

标签样式用来重新定义特定标签（如p）的格式，例如，原来页面的背景颜色默认是白色的，用户可以通过这种样式使页面背景的默认色变为红色。创建或更改一个标签的CSS样式时，所有用该标签设置了格式的文本都将被更新。例如：

```
P{font-family:Arial;}
```

③ 高级样式

高级样式使用组合标签定义样式表，使用ID作为属性，该样式用得最多的是关于链接的定义。例如以下代码，正常链接状态时字体为黑色，访问后字体为红色，当光标移动到链接上面时字体为蓝色。

```
a:link{color:black}
a:visited{color:red}
a:hover{color:blue}
```

类样式用"."来引用，ID样式用"#"来引用。例如：

```
#header{…}
…
<div id="header">…</div>
```

（4）添加CSS的方式

添加CSS的方式有4种。

① 外部样式表

当样式需要应用于很多页面时，外部样式表将是理想的选择。在使用外部样式表的情况下，可以通过改变一个文件来改变整个站点的外观。每个页面使用 <link> 标签链接到样式表，<link> 标签在文档的头部。例如：

```
<head>
<link rel="stylesheet" type="text/css" href="mystyle.css" />
</head>
```

浏览器会从文件"mystyle.css"中读到样式声明，并根据它来格式文档。外部样式表可以在任何文本编辑器中进行编辑。样式表应该以".css"扩展名进行保存。下面是一个样式表文件的例子：

```
hr {color: sienna;}
p {margin-left: 20px;}
body {background-image: url ("images/back40.gif");}
```

不要在属性值与单位之间留有空格。假如使用"margin-left: 20 px"而不是"margin-left: 20px"，则仅在 IE 6.0浏览器中有效，而在 Mozilla/Firefox 或 Netscape Navigator浏览器中却无法正常工作。

② 内部样式表

当单个文档需要特殊的样式时，应使用内部样式表。可以使用 <style> 标签在文档头部定义内部样式表，例如：

```
<head>
<style type="text/css">
    hr {color: sienna;}
    p {margin-left: 20px;}
    body {background-image: url ("images/back40.gif");}
</style>
</head>
```

③ 内联样式

由于要将表现和内容混杂在一起，内联样式会损失掉样式表的许多优势，因此这种方法要慎用。当样式仅需要在一个元素上应用一次时，应使用内联样式，需要在相关的标签内使用样式（style）属性。style 属性可以包含任何 CSS 属性。下面代码展示如何改变段落的颜色和左外边距：

```
<p style="color: sienna;margin-left: 20px">
```

这是一个段落文本。

```
</p>
```

④ 多重样式

如果某些属性在不同的样式表中被同样的选择器定义，那么属性值将从更具体的样式表中被继承过来。例如，外部样式表拥有针对 h3 选择器的3个属性：

```
h3 {
  color: red;
  text-align: left;
  font-size: 8pt;
}
```

而内部样式表拥有针对 h3 选择器的两个属性：

```
h3 {
  text-align: right;
  font-size: 20pt;
}
```

假如拥有内部样式表的这个页面同时与外部样式表链接，那么 h3 得到的样式是：

```
color: red;
text-align: right;
font-size: 20pt;
```

即颜色属性将被继承于外部样式表，而文字排列（text-alignment）和字体尺寸（font-size）会被内部样式表中的规则取代。

❷ 创建和编辑CSS

（1）创建CSS的方法

在Dreamweaver CS5可以通过以下3种方法创建样式表。

- 选择"文本" > "CSS样式" > "新建"命令。
- 在"CSS样式"面板中右击，在弹出的快捷菜单中选择"新建"命令。
- 单击"CSS样式"面板下方的"新建CSS规则"按钮。

选择"新建"命令之后，将弹出"新建CSS规则"对话框，在对话框中对样式表进行设置。如果在"选择器类型"选项组中选择"类"选项，将创建类样式，可以在"选择器名称"选项组中输入自定义的名称，如图8-30所示。

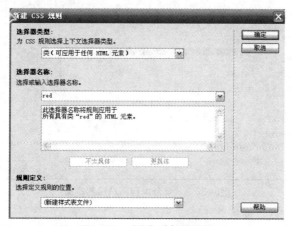

图8-30 "类"选择器类型

如果在"选择器类型"选项组中选择"标签"选项，将创建标签样式，此时在"选择器名称"下拉列表框中可以选择所需要的标签，如图8-31所示。

图8-31 "标签"选择器类型

如果在"选择器类型"选项组中选择"复合内容"选项，将创建高级样式，此时在"选择器名称"下拉列表框中可以选择已经定义好的标签，也可以输入"#"来定义ID样式，如图8-32所示。

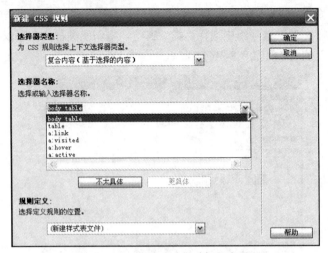

图8-32 "复合内容"选择器类型

（2）使用"CSS样式"面板

可以使用"CSS样式"面板查看、创建、编辑和删除CSS样式，如图8-33所示。一般情况下，"CSS样式"面板在Dreamweaver窗口右侧可以找到，如果没有，可以通过选择"窗口"＞"CSS样式"命令打开"CSS样式"面板。面板底部按钮含义如下。

- ⫶≡：单击该按钮显示类别视图。
- A_Z↓：单击该按钮显示列表视图。
- ✱✱↓：单击该按钮只显示设置属性视图。
- ⬚：单击该按钮可以链接外部样式表。
- ⊞：单击该按钮可以创建一个新的样式表。
- ✐：单击该按钮可以对选择的样式表进行编辑修改。
- 🗑：单击该按钮可以删除选择的样式表。
- ⊘：单击该按钮可以禁用/启用CSS属性。

图8-33 "CSS样式"面板

独立实践任务

任务 6 设置网站首页的CSS样式

任务背景

通过设置文本样式，可以控制网页中的文字字体、字号、颜色等参数。"师生作品展示平台"网站中的"课外活动"页面已经基本制作完成，但是网页文本还未进行CSS样式设置，现需要为该网页设置CSS样式，效果如图8-34所示。

（a）初始效果

（b）完成效果

图8-34 设置网站首页CSS文本图片等样式

任务要求

创建"师生作品展示平台"页面的CSS样式表，主要包括文本样式、图片样式、方框样式、边框样式、列表样式等，美化该页面。

重点、难点

重点掌握CSS创建文字样式的方法。

【技术要领】各种CSS样式的创建；样式的应用。

【解决问题】用CSS格式化网页。

【应用领域】CSS网页制作。

【素材来源】模块8\素材\练习网站\main.html。

任务分析

_____

_____

主要制作步骤

_____

_____

职业技能知识点考核

单选题

1. CSS的全称是（ ）。

A. Cascading Sheet Style

B. Cascading System Sheet

C. Cascading Style Sheet

D. Cascading Style System

2. 在Dreamweaver中，下面关于使用列表的说法错误的是（ ）。

A. 列表是指把具有相似特征或者是具有先后顺序的几行文字进行对齐排列

B. 列表分为有序列表和无序列表两种

C. 所谓有序列表，是指有明显的轻重或者先后顺序的项目

D. 不可以创建嵌套列表

3. 在HTML中，下面为段落标签的是（ ）。

A. <html></html>

B. <head></head>

C. <body></body>

D. <p></p>

4. <img src="name" align="left">的意思是（ ）。

A. 图像向左对齐

B. 图像向右对齐

C. 图像与底部对齐

D. 图像与顶部对齐

5. 下面关于应用样式表的说法错误的是（ ）。

A. 首先选择要使用样式的内容

B. 也可以使用标签选择器来选择要使用样式的内容，但是比较麻烦

C. 选择要使用样式的内容，在"CSS样式"面板中单击要应用的样式名称

D. 应用样式的内容可以是文本或者段落等页面元素

Adobe Dreamweaver CS5

模块 09

应用层和行为创建动态效果

　　层是一种页面元素，可以将其定位在页面上的任意位置。层可以包含文本、图像或其他任何可以在文档中插入的内容。可以方便地在网页上创建AP Div，可以对AP Div进行选择和调整大小等操作。本模块主要介绍层和行为的概念，以及利用Dreamweaver CS5中层和各种内置行为的特性制作特效网页。

　　行为是Dreamweaver CS5中最有特色的功能，使用行为可以使网页具有动感效果，这些动感效果是在客户端实现的。行为的关键在于Dreamweaver CS5中提供了很多的动作，动作是预先编写好的JavaScript程序，每个动作可以完成特定的任务。

能力目标

1. 添加层
2. 添加行为
3. 创建交换图像网页
4. 创建弹出提示信息网页
5. 创建打开浏览窗口网页
6. 显示-隐藏元素
7. 设置导航栏图像

知识目标

1. 了解层和行为的概念
2. 理解事件与动作

学时分配

8课时（讲课4课时，实践4课时）

模拟制作任务

任务 1　制作"教师风采"网页

任务背景

在"师生作品展示平台"网站中，包括"教师风采"网页，以往的人物介绍网页很单一，只有图片与文字，为了让本网站"教师风采"的页面更吸引浏览者，在进入每位老师介绍页面之前，制作一个更能吸引浏览者的网页，效果如图9-1所示。

图9-1　"教师风采"网页效果

任务要求

要求打破传统网页风格，制作美观的网页，引导浏览者进入具体网页。

重点、难点

1. 层的操作。
2. 行为的设置。

【技术要领】层的显示与隐藏。

【解决问题】行为的设置。

【应用领域】企业网站；个人网站。

【素材来源】模块9\素材\9.1。

任务分析

在设计之前对网页进行分析，由于浏览者一般对图片网页比较感兴趣，所以本任务主要以图片制作网页，然后通过链接进入相应的网页。

操作步骤

添加图片

01 启动Dreamweaver CS5软件，选择"文件">"打开"命令，弹出"打开"对话框，选择"模块9\素材\9.1\teacher_index.html"网页，单击"打开"按钮，打开的网页如图9-2所示。

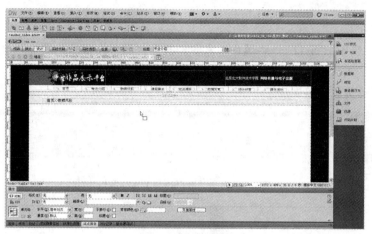

图9-2　打开的网页

02 将光标置于表格内，选择 "插入" > "图像"命令，弹出"选择图像源文件"对话框，选择"模块9\素材\9.1\images\teacher_banner.jpg"图片，如图9-3所示，单击"确定"按钮，添加图片效果如图9-4所示。

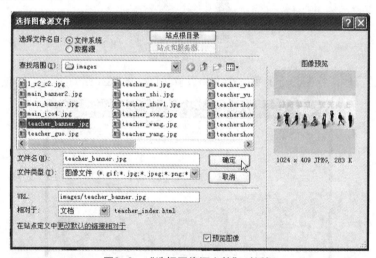

图9-3　"选择图像源文件"对话框

图9-4　添加图片效果

设置热区

03 选中图片，选择 "窗口" > "属性" 命令，打开 "属性" 面板，单击 "属性" 面板中的 "矩形热点工具" 图标，如图9-5所示，然后单击矩形并按住鼠标左键不放，拖曳矩形至覆盖住其中一个人物，绘制热区，如图9-6所示。

矩形热点工具

图9-5　单击"矩形热点工具"图标

图9-6　绘制热区

04 重复步骤3的操作，给图片上的每一个人物设置热区，效果如图9-7所示。

图9-7　绘制热区效果

热区添加链接

05 选中其中一个热区，在 "属性" 面板中，单击 "链接" 右侧的 "浏览文件" 图标，如图9-8所示，弹出 "选择文件" 对话框，选择 "teachershow.html" 文件，单击 "确定" 按钮，添加链接，如图9-9所示，重复以上操作，为其他热区设置链接。

图9-8　单击"浏览文件"图标

图9-9　添加链接

添加层

06 选择"插入">"布局对象">AP Div命令，如图9-10所示，在第一个热区上方按住鼠标左键绘制层❶，如图9-11所示。

07 将光标置于层内，选择"插入">"图像"命令，弹出"选择图像源文件"对话框，选择teacher_yao.jpg文件，添加图片，效果如图9-12所示。

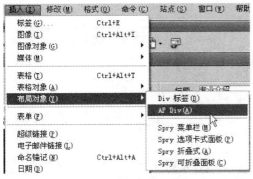

图9-10　选择AP Div命令　　　　　图9-11　绘制层　　图9-12　层内添加图片

08 重复步骤6和步骤7的操作，在每个热区上方添加层，并在层内添加相应人物名字的图片，如图9-13所示（人物名字图片文件依次为teacher_yao.jpg、teacher_yu.jpg、teacher_shi.jpg、teacher_song.jpg、teacher_ma.jpg、teacher_wang.jpg、teacher_wang.jpg、teacher_guo.jpg和teacher_yang.jpg）。

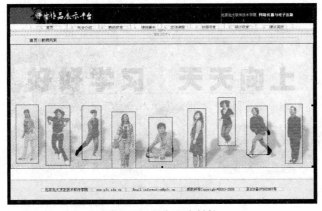

图9-13　添加层和链接

设置"显示-隐藏元素"行为❷

09 选中第一个热区，选择"窗口">"行为"命令，打开"行为"面板❸，单击 按钮，在弹出的下拉菜单中选择"显示-隐藏元素"命令，如图9-14所示，弹出"显示-隐藏元素"对话框，在"元素"列表框中选择"div 'apDiv1'"选项，单击"显示"按钮，然后再单击"确定"按钮，如图9-15所示，则"行为"面板中添加了相应的行为，如图9-16所示。

图9-14 选择"显示-隐藏元素"命令

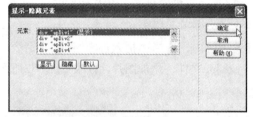

图9-15 设置"显示-隐藏元素"

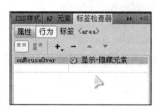

图9-16 添加"显示-隐藏元素"行为

10 选中第一个热区，在"行为"面板中单击 按钮，在弹出的下拉菜单中选择"显示-隐藏元素"命令，弹出"显示-隐藏元素"对话框，在"元素"列表框中选择"div 'apDiv1'"选项，单击"隐藏"按钮，然后再单击"确定"按钮，如图9-17所示。将添加的行为事件❹ onMouseOver改为onMouseOut，如图9-18所示，修改后的行为如图9-19所示。

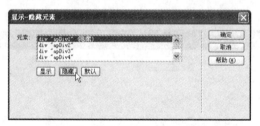

图9-17 设置"显示-隐藏元素"

图9-18 修改事件过程

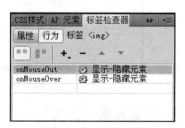

图9-19 修改后的行为

11 选中第一个层，在"属性"面板中，设置"可见性"为hidden，如图9-20所示。

图9-20 设置"可见性"

☑ 重复步骤9～11的操作，为每个热区设置行为，每个层设置可见性为hidden。

☑ 选择"文件">"保存"命令保存文件，按F12键浏览网页。

任务 2 制作"动感首页"网页

任务背景

为了使"师生作品展示平台"网站更加动感，需要在网站"首页"内添加一些动态效果，同时以更明显的方式在校网内通知重要新闻，制作效果如图9-21所示。

图9-21 "动感首页"网页效果

任务要求

要求动感网页制作效果灵活、美观。

重点、难点

1. 拖曳层。
2. 运用行为面板。

【技术要领】在网页内任意拖曳层、可变层的位置，对Flash进行控制。

【解决问题】通过层与行为来"拖动AP元素"。

【应用领域】个人网站；企业网站。

【素材来源】模块9\素材\9.2。

任务分析

在设计之前对学校的要求进行分析，确定在网页中使用图片交换效果、拖曳层、弹出公告栏、信息窗口等效果，使网页具有动感效果。

操作步骤

打开网页

① 启动Dreamweaver CS5软件，选择"文件">"打开"命令，弹出"打开"对话框，选择

"模块9\素材\9.2\main.html" 网页，单击 "打开" 按钮，打开的网页如图9-22所示。

图9-22　打开的网页

创建交换图像效果

02 将光标置于 "实训作品展示" 下方表格内，如图9-23所示，选择 "插入" > "图像" 命令，弹出 "选择图像源文件" 对话框，选择 "模块9\素材\9.2\images\main_show1.jpg" 图片文件，单击 "确定" 按钮，添加图片，效果如图9-24所示。

图9-23　插入光标

图9-24　添加图片效果

03 选中添加的图片，再选择 "窗口" > "行为" 命令，打开 "行为" 面板，如图9-25所示，单击 "行为" 面板中的➕按钮，在弹出的下拉菜单中选择 "交换图像" 命令，如图9-26所示。

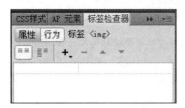

图9-25　"行为" 面板

图9-26　选择 "交换图像" 命令

04 在 "交换图像" 对话框中，单击 "设定原始档为" 文本框右侧的 "浏览" 按钮，如图9-27所示，弹出 "选择图像源文件" 对话框，选择main_show5.jpg图片文件，再单击 "确定" 按钮，添加交换图片的行为，如图9-28所示。

图9-27 "交换图像"对话框

图9-28 添加行为

05 重复步骤2、步骤3、步骤4的操作，为导航条添加"首页"、"教师风采"图像交换效果，如图9-29所示。（首页图片为"main_button_sy1.jpg"和"main_button_sy2.jpg"；教师风采图片为"main_button_jsfc1.jpg"和"main_button_jsfc2.jpg"）。

图9-29 添加导航条"交换图像"效果

创建弹出提示信息

06 单击网页文档窗口左下角的<body>标记，如图9-30所示。

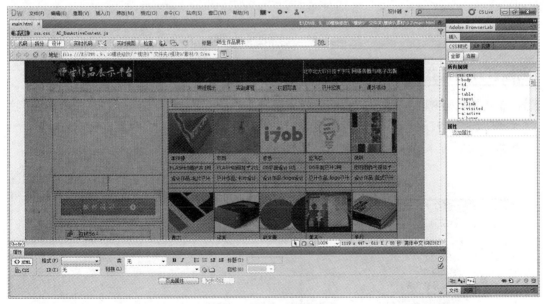

图9-30 单击<body>标记

07 单击"行为"面板中的 按钮，在弹出的下拉菜单中选择"弹出信息"命令，弹出"弹出信息"对话框，在"消息"文本框中输入"欢迎您的加入"文字，如图9-31所示。

图9-31　"弹出信息"对话框

08 保存文件，按F12键浏览，效果如图9-32所示。

图9-32　"弹出信息"效果图

创建打开浏览器窗口

09 单击网页文档窗口左下角的<body>标记，再单击"行为"面板中的 ![+] 按钮，在弹出的下拉菜单中选择"打开浏览器窗口"命令，如图9-33所示，弹出"打开浏览器窗口"对话框，如图9-34所示。

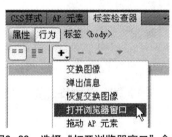

图9-33　选择"打开浏览器窗口"命令

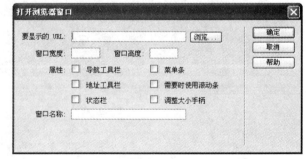

图9-34　"打开浏览器窗口"对话框

10 在"打开浏览器窗口"对话框中单击"要显示的URL"文本框右侧的"浏览"按钮，弹出"选择文件"对话框，选择"pop.html"网页，单击"确定"按钮，如图9-35所示。

图9-35　"选择文件"对话框

▇▇ 返回"打开浏览器窗口"对话框，将"窗口宽度"和"窗口高度"均设置为"300"，如图
9-36所示，单击"确定"按钮，添加行为，如图9-37所示。

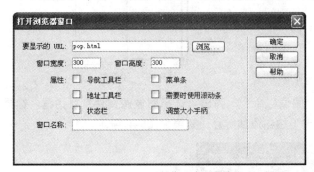

图9-36　设置"浏览器窗口"参数

图9-37　添加行为

▇▇ 保存文件，按F12键浏览，效果如图9-38所示。

图9-38　"浏览器窗口"效果图

拖动AP元素

13 选择 "插入" > "布局对象" > "AP Div" 命令，如图9-39所示。在热区上方按住鼠标左键绘制层，如图9-40所示。

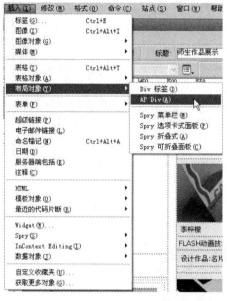

图9-39 选择"AP Div"命令　　　　图9-40 绘制层

14 将光标置于层内，选择 "插入" > "图像"命令，弹出"选择图像源文件"对话框，选择 main_layer1.jpg图片文件，单击"确定"按钮添加图片，效果如图9-41所示。

图9-41 在层内添加图片

15 单击网页文档窗口左下角的<body>标记，再单击"行为"面板中的 ⊞ 按钮，在弹出的下拉菜单中选择"拖动AP元素"命令，如图9-42所示。

图9-42　选择"拖动AP元素"命令

16 弹出"拖动AP元素"对话框，设置相关参数，如图9-43所示，单击"确定"按钮。

图9-43　设置"拖动AP元素"参数

17 选中层内的图片，为其设置属性，在"属性"面板中的"替换"文本框中输入"可以用鼠标拖动"文字，如图9-44所示。

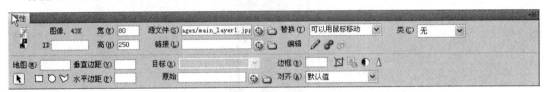

图9-44　添加"替换"文本

18 保存文件，按F12键浏览，效果如图9-45所示。

图9-45　拖动层效果图

知识点拓展

❶ 层的概念

层是网页中的定位元素，既可以用于页面的排版布局，方便设计构思；也可以作为行为的载体，生成特殊的网页效果。在Dreamweaver中，层引用的是可以使用页面坐标准确定位的任何元素。层的定位属性包括左和上、Z轴（也被称为叠放顺序）和显示。

层是一个载体，在层中可以添加文本、图像和表格等元素，如图9-46所示。把页面元素放入其中，可以控制元素的显示顺序，也能控制是哪个显示，哪个隐藏，即层还有可隐藏和可拖曳的特点，因此它是许多网页特效的载体。

图9—46　层的效果图

层定位的元素可以使用DIV、 SPAV 、LAYER等标签进行定义。在Dreamweaver 中默认使用的是DIV。

DIV和 SPAV 标签之间的区别在于：不支持层的浏览器需要在DIV 标签的前后放置额外的换行符。也就是说，DIV标签是块级别的元素，而SPAV标签则是内联元素。大多数情况下最好使用DIV 而不是SPAV。

（注意）

> 由于层的定位一般使用的是绝对定位方法，因此，如果网页中的其他元素采用相对定位，则在Dreamweaver 中设计时看到的网页效果和在浏览器中预览时看到的效果可能会有很大的不同。为了解决定位差异的问题，可以设置整个网页为绝对定位方式。

❷ 行为动作

如图9-47所示的是Dreaamweaver在Netscape 4.0和IE 4.0浏览器及以上版本支持的动作，不过，Netscape 3.0 及IE 3.0浏览器也支持其中的大部分动作。表9-1列出了各种行为动作及其说明。

图9-47 显示动作

表9-1 行为动作及其具体说明

选项	说明
交换图像	通过改变<img>标记的SRC属性，来改变图像。利用该动作可以创建活动按钮或其他图像效果
弹出信息	显示带指定信息的JavaScript警告。用户可以在文本中嵌入任何有效的JavaScript警告，如函数调用、属性、全局变量或表达式（若要嵌入一个JavaScript表达式，则需要用"{}"括起来）。例如，"本页面的URL为{window.Location}，今天是{new Date}"
恢复交换图像	可以将最后一组交换的图像恢复为原图
打开浏览器窗口	在新窗口中打开URL，并可以设置新窗口的尺寸等属性
拖动AP元素	利用该动作可以允许用户拖动层
控制Shockwave	利用该动作可以播放、停止、重播或者转到Shockwave或Flash电影的指定帧或SWF
播放声音	播放插入的音乐
改变属性	改变对象属性值
时间轴	使用时间轴的功能，可以在网页中制作浮动图像或其他元素效果
显示－隐藏元素	显示、隐藏一个或多个窗口，或者恢复其默认属性
显示弹出式菜单	可以显示弹出式菜单。可以使用此对话框来设置或修改弹出式菜单的颜色、文本和位置
检查插件	利用该动作可以根据访问者所安装的插件，发送给不同的网页
检查浏览器	利用该动作可以根据访问者所使用的浏览器版本，发送给不同的网页

续表

选项	说明
检查表单	检查文本框内容，以确保用户输入的数据格式正确无误
设置导航栏图像	将图片加入导航栏或改变导航栏图片显示
设置文本	包括以下4项功能。 设置容器的文本：动态设置框架文本，以指定内容替换框架内容及格式 设置文本域文字：利用指定内容代表单文本框中的内容 设置框架文本：利用指定内容取代现存层中的内容及格式 设置状态栏文本：在浏览器左下角的状态栏中显示信息
调用JavaScript	执行JavaScript代码
跳转菜单	当用户创建了一个跳转菜单时，Dreamweaver 将创建一个菜单对象，并为其附加行为。在"行为"面板中双击"跳转菜单"动作可编辑跳转菜单
跳转菜单开始	当用户创建了一个跳转菜单时，在其后面加一个行为动作GO按钮
转到URL	在当前窗口或指定框架打开一个新页面
隐藏弹出式菜单	可以隐藏弹出式菜单
预先载入图像	该图片在页面进入浏览器缓冲区之后不立即显示。它主要用于时间轴、行为等，从而防止因下载引起的延迟
显示事件	显示所适合的浏览器版本
获取更多行为	从网站上获得更多的动作功能

❸ "行为"面板

　　"行为"面板是Dreamweaver的功能面板，行为的主要功能是在网页中插入JavaScript程序，而无须用户自己动手编写代码就可以生成所需要的效果。使用"行为"面板可以轻松地做出许多网页特效。

　　一个行为是由对象、事件和动作3部分组成的。对象是行为的主体，事件是动作被触发的结果，而动作是用于为完成特殊任务而预先编好的JavaScript代码。如打开一个浏览器窗口、播放声音等。

　　当对一个页面元素使用行为时，可以指定动作和所触发的事件。Dreamweaver提供了一些确定的动作，可以把它们应用在页面元素中。下面介绍"行为"面板的基本功能。

　　选择"窗口"＞"行为"命令（快捷键Shift+F4），即可打开"行为"面板，如图9-48所示。

　　"行为"面板上的各按钮介绍如下。

　　▦（显示设置事件）：显示触发的事件，即显示已经设置的行为。

　　▦（显示所有事件）：在列表中显示所有的事件供用户进行选择，如图9-49所示。

图9-48 "行为"面板

图9-49 显示所有事件

（添加行为）：用于给被选定的对象加载动作，也就是自动生成一段JavaScript程序代码。

（排序）：该功能只有在多个动作都是相同的触发事件时才有效。例如，希望别人进入你的主页时弹出信息提示框或打开一个小窗口，由于网络速度的问题，两个动作之间有时间差，此时就可以使用此功能，为响应动作排序。

单击 按钮将弹出如图9-50所示的菜单。需要特别注意的是，这个菜单与读者在实际操作时所看到的可能有所不同，其不同之处在于每个菜单项是否为灰色显示的（灰色表示该命令在当前不能使用）。

图9-50 行为菜单

如果在空白文档中单击"添加行为"按钮 ，则弹出的行为菜单大部分命令都是灰色的。这是因为普通的文本不能对其加载行为动作，若是把一段文本做成超链接或选取一张图片，再单击 按钮，则弹出的菜单就同图9-50一样了。若不想使用超链接而又要在文本上加载行为动作，可以使用如下方法：

① 将要加载行为动作的文本定义为一个无址链接（或空超链接），也就是在"属性"面板的"链接"文本框中输入一个"＃"即可。

② 按Shift+F4组合键调出"行为"面板，单击 按钮，在弹出的下拉菜单中选择相应的命令，加载要加入的动作。

③ 在源代码视窗中删除空超链接"herf="＃""。按F12键就可以看到在普通文本上加载的动作了。

❹ 事件与动作

（1）事件

当用户浏览器中触发一个事件时，事件就会调用与其相关的动作，也就是一段JavaScript代码。网页事件分为不同的种类，有的与鼠标有关，有的与键盘有关。

对于同一个对象，不同版本的浏览器支持的事件种类和多少是不一样的。一般情况下，版本越高的浏览器支持的事件就越多。如果使用了只有高版本支持的浏览器支持的事件，则在低版本浏览器中是看不到行为效果的。目前浏览器的主流是Internet Explorer 4.0 以上的版本。单击"行为"面板中的"显示设置事件"按钮，则显示已经设置的事件，单击"显示所有事件"按钮，则显示所有可以设置的事件。

下面对事件的用途进行分类说明，如表9-2～表9-5所示。

表9-2　关于窗口的事件

事件	说明
onAbort	在浏览器窗口中停止了加载网页文档的操作时发生的事件
onMove	移动浏览器窗口或者停顿时发生的事件
onLoad	当图像或页面完成载入时发生的事件
onResiz	浏览器的窗口或帧的大小改变时发生的事件
onLoad	访问者退出网页文档时发生的事件

表9-3　关于鼠标的事件

事件	说明
onClick	用鼠标单击选定元素的一瞬间发生的事件
onBlur	鼠标光标移动到窗口或帧外部发生的事件，即在非激活状态下发生的事件
onDragDrop	拖动并释放指定元素的那一瞬间发生的事件
onDragStart	拖动选定元素的那一瞬间发生的事件
onFcous	鼠标光标移动到窗口或帧上发生的事件，即激活之后发生的事件
onMouseDown	单击鼠标右键一瞬间发生的事件
onMouseMove	鼠标光标经过选定元素上方时发生的事件
onMouseOut	鼠标光标经过选定元素之外时发生的事件
onMouseOver	鼠标光标经过选定元素上方时发生的事件
onMouseUp	单击鼠标右键，然后释放时发生的事件
onScroll	访问者在浏览器上移动滚动条时发生的事件
onKeyDown	在键盘上按住特定键时发生的事件
onKeyPress	在键盘上按特定键时发生的事件
onKeyUp	在键盘上按下特定键并释放时发生的事件

表9-4　关于表单的事件

事件	说明
onAfterUpdate	更新表单文档的内容时发生的事件
onBeforeUpdate	改变表单文档的项目时发生的事件
onChange	访问者修改表单文档的初始值时发生的事件
onReset	将表单文档重新设置为初始值时发生的事件
onSubmit	访问者传送表单文档时发生的事件
onSelect	访问者选定文本字段中的内容时发生的事件

表9-5　其他事件

事件	说明
onError	在加载文档的过程中发生错误时发生的事件
onFilterChange	用于选定元素的字段发生变化时发生的事件
onFinishMarquee	用功能来显示的内容结束时发生的事件
onStartMarquee	开始应用功能时发生的事件

（2）动作

动作就是设置更换图片和弹出警告对话框等特殊效果的功能，只有当某个事件发生时，才能被执行，动作的说明如表9-6所示。

表9-6　Dreamweaver 提供的动作及其说明

动作	说明
CallJavaScript	事件发生时，调用JavaScript 特定函数
ChangeProperty	改变选定客体的属性
Check Browser	根据访问者的浏览器版本，显示适当的页面
Check Plugin	确认是否设有运行网页的插件
Control Shockwave or Flash	控制Flash 影片的指定帧
Drag Layer	允许用户在浏览器中自由拖动层
Go To URL	选定的事件发生时，可以拖动到特定的站点或者网页文档上
Hide Pop-up Menu	在Dreamweaver 中隐藏制作的弹出窗口
Jump Menu	制作一次可以建立若干个链接的跳转菜单
Jump Menu Go	在跳转的菜单中选定之后要移动的站点，只有单击GO 按钮才可以移动到链接的站点上
Open Browser Window	在新窗口中打开URL
Play Sound	设置在事件发生之后，播放链接的音乐
Popup Message	设置在事件发生之后，显示警告信息
Preload Images	为了在浏览器中快速显示图片，在事先下载图片之后显示出来
Set Nav Bar Images	制作由图片组成菜单的导航条

续表

动作	说明
Set Text of Frame	在选定的帧上显示指定的内容
Set Text of Layer	在选定的层上显示指定的内容
Set Text of Status Bar	在状态栏上显示指定的内容
Set Text of Text Field	在文本字段区域显示指定的内容
Show Pop-up Menu	在Dreamweaver中可以制作需要的弹出菜单
Show-Hide Layer	根据设置的事件，显示或隐藏指定的AP Div
Swap Image	设置的事件发生后，用其他图片来取代选定的图片
Swap Image Restore	在运用 Swap Image 动作之后，显示原来的图片
Timeline	用来控制时间轴，可以播放和停止动画
Validate From	检查表单文档的有效性使用

独立实践任务

任务 3 制作动感网页

任务背景	任务要求
某网站为了突出该网站的特点，并吸引浏览者，需要制作网页的动感效果。	网站内容活跃，页面美观。

【技术要领】层的显示、隐藏、Flash控制、弹出公告栏等。

【解决问题】通过层与行为设置。

【应用领域】个人网站；企业网站。

【素材来源】无。

任务分析

_____

_____

_____

_____

主要制作步骤

_____

_____

_____

_____

职业技能知识点考核

一、单选题

1. 在下面标准的事件中，（ 　 ）不是键盘类的。

A. onKeyDown 　　　　B. onKeyPress 　　　　　　C. onKeyUp 　　　　　　　D. onKeyMove

2. 在拖曳图层的设置中，下图所表示的意义是（ 　 ）。

```
放下目标：左：5      上：93    取得目前位置
靠齐距离：50      像素接近放下目标
```

A. 图层的中心在靠近目标位置50像素以内时就会自动移动到目标位置

B. 图层的左上顶点在靠近目标位置50像素以内时就会自动定位在目标位置

C. 图层的中心在靠近目标位置50像素以内时，如果松开鼠标，图层会自动靠近目标位置

D. 图层的左上顶点在靠近目标位置50像素以内时，如果松开鼠标，图层会自动定位在目标位置

3. 对行为操作的面板是（ 　 ）。

A. "行为"面板 　　B. "属性"面板 　　　　C. "层"面板 　　　　　D. "对象"面板

4. 如果要使用"常用"插入栏插入图片，要单击下面（ 　 ）按钮。

A. 🖺 　　　　　　B. 🖼 　　　　　　　C. 🖋 　　　　　　　D. 🖳

5. 标准事件onResize表示的意思是（ 　 ）。

A. 当浏览器窗口的大小被改变时，就会发生该事件

B. 当滚动条被移动时，就会发生该事件

C. 当正在下载一个图片时，如果单击了浏览器中的"停止"按钮，就会发生该事件

D. 当浏览者改变了下拉列表或文本框中的一个值时，就会发生该事件

6. 下面标准事件中，（ 　 ）不是鼠标类的。

A. onMouseDown 　　B. onMouseMove 　　　　C. onMouseClick 　　　　D. onDblClick

7. 下面（ 　 ）选项不是事件。

A. 鼠标滑过 　　　　B. 双击鼠标 　　　　　C. 改变文本框中的内容 　D. 隐藏层

二、填空题

1. 在设置拖曳图层的属性时，如果选择了"限制"，效果是_____。

2. 在Macromedia中，行为是_____和_____的组合。

3. 鼠标拖曳图层的效果是_____。

4. 在编写动态网页之前，一定要考虑访问者的浏览器的_____和_____。

5. 事件onKeyPress表示_____时候会发生该事件。

6. 显示"行为"面板的快捷键是_____。

7. 如果要制作中文的字体和文字按钮，直接用_____制作。

Adobe Dreamweaver CS5

模块 10

网站测试与发布

网站制作完成后，需要对网站进行总体的测试，对测试结果中出现的问题分析处理后，就可以将其上传到服务器中供访问者浏览。本模块通过站点测试，申请域名空间，站点上传发布3个部分，向读者介绍网站管理的相关知识。

能力目标

1. 能够测试站点
2. 掌握域名空间申请方法
3. 能够发布站点

学时分配

4课时（讲课3课时，实践1课时）

知识目标

1. 掌握站点测试内容
2. 掌握站点测试和发布技巧
3. 理解域名和空间概念

模拟制作任务

任务 1 检查链接

任务背景

"师生作品展示平台"网站已经制作完成，在作品发布之前需要对整个网站进行检测，其中包括检查链接、查看是否有断掉的链接、空链接等。

任务要求

通过本任务的学习，要求掌握检查链接的方法，能够看懂检测结果，能够处理检测出的问题。对"师生作品展示平台"网站进行链接检查，发现存在的问题，以完善网站。

重点、难点

重点是掌握检查链接的方法，难点是对检查结果进行处理。

【技术要领】结果面板；链接检查器；检查结果的查看、分析和处理。

【解决问题】网站链接检查。

【应用领域】网站测试。

【素材来源】模块10\素材\最终网站。

任务分析

网站发布前，对站点进行测试是十分必要的。站点测试可以发现网站存在的问题，为进一步改进网站提供依据。Dreamweaver的检查链接功能用于查找网页或整个网站断掉的链接以及孤立文件和外部链接。

操作步骤

新建站点

01 要进行网站测试，首先需要创建一个站点，然后才能对站点进行测试。新建站点"html_CSS"，然后打开"模块10\素材\最终网站"文件夹，将所有内容复制到新建的站点"html_CSS"的目录下。

打开结果面板

02 在"文件"面板中选择站点html_CSS，如图10-1所示。

图10-1　选择站点

03 选择"窗口"＞"结果"＞"链接检查器"命令，打开"链接检查器"面板，如图10-2所示。

图10-2　"链接检查器"面板

开始链接检查

04 检查断掉的链接。在"链接检查器"面板中的"显示"下拉列表框中选择"断掉的链接"
选项，单击 ▶ 按钮，在弹出的菜单中选择"检查整个当前本地站点的链接"命令，如图
10-3所示。

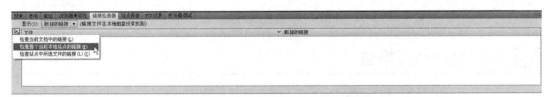

图10-3　选择"检查整个当前本地站点的链接"命令

05 该链接检查会检测整个网站的链接，并显示结果，如图10-4所示。列表中显示的是站点中断掉
的链接，最下端显示检查后的总体信息，如共多少个链接、正确链接和无效链接数量等信息。

总体信息

图10-4　断掉的链接显示结果

06 从图10-4中，可以看到总共有2154个链接，其中有516个链接断掉，32个外部链接。断掉的链接意味着单击该链接时无法正确响应。链接断掉的原因有很多，如被链接的文件被移动或删除了，或链接的文件名称写错了等。解决链接问题的主要方法是，选中无效链接，单击其右侧的"浏览文件"按钮，重新设定链接文件，如图10-5所示。

图10-5　重新设定链接文件

07 查看孤立文件。在"显示"下拉列表框中选择"孤立文件"选项，可查看网站中的孤立文件，也就是没有被链接的文件，如图10-6所示。孤立文件一般没有用，可把孤立文件全部删除。

图10-6　查看孤立文件

08 检查外部链接。在"显示"下拉列表框中选择"外部链接"选项，可查看网站中的外部链接，此时如果发现有错误的链接地址，可单击该链接进行修改，如图10-7所示。

图10-7　检查外部链接

任务 2　生成站点报告

任务背景

在"师生作品展示平台"网站发布之前需要对整个网站进行测试，其中包括生成站点报告。

任务要求

对"师生作品展示平台"网站生成站点报告，查看报告结果，根据报告进一步改善网站。

重点、难点

重点是掌握生成站点报告的方法，难点是对检查报告的分析和处理。

【技术要领】结果面板；链接检查器；检查结果的查看、分析和处理。

【解决问题】生成站点报告。

【应用领域】网站测试。

【素材来源】模块10\素材\最终网站。

任务分析

在Dreamweaver中可以对当前文档选定文件，并对整个站点的工作流程或HTML属性运行站点报告。工作流程报告能够改进Web小组成员间的合作；HTML报告可检查合并的嵌套字体标签、辅助功能、遗漏的替换文本、冗余的嵌套标签、可删除的空标签和无标题文档等。

操作步骤

生成站点报告

01 在结果面板中选择"站点报告"选项卡，如图10-8所示。

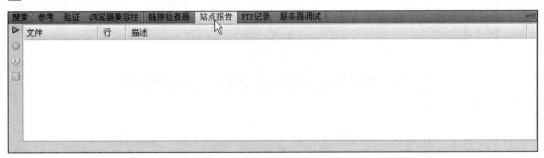

图10-8　"站点报告"选项卡

02 单击 按钮，弹出"报告"对话框，在"报告在"下拉列表框中设置报告的对象为"整个当前本地站点"，在"选择报告"列表框中选中"HTML报告"下所有的复选框，如图10-9所示。

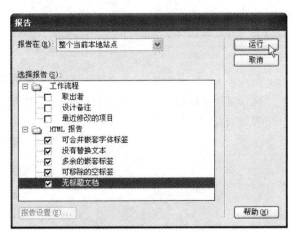

图10-9　设置站点报告

03 单击"运行"按钮，生成站点报告，如图10-10所示。

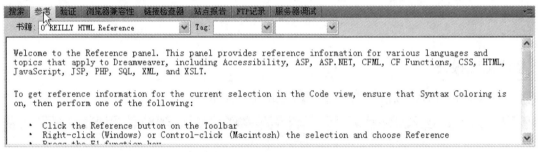

图10-10　站点报告显示结果

查看报告

04 选择生成的一项报告，然后单击"更多信息"按钮，显示该项报告的具体信息描述。图
10-11显示了两种不同的描述方式。根据报告结果以及描述内容，修改网页。

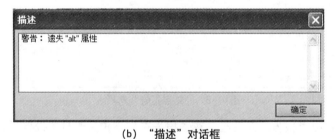

（a）"参考"选项卡

（b）"描述"对话框

图10-11　报告描述窗口

任务 3　检查目标浏览器

任务背景

在"师生作品展示平台"网站发布之前还需要对整个网站进行
测试，其中包括检查目标浏览器兼容性问题。

任务要求

对"师生作品展示平台"网
站检查目标浏览器，并查看
检测结果。

重点、难点

重点掌握检查目标浏览器的
方法。

【技术要领】结果面板；目标浏览器兼容性检查。

【解决问题】检查浏览器兼容性。

【应用领域】网站测试。

【素材来源】模块10\素材\最终网站。

任务分析

Dreamweaver的目标浏览器检查功能可以对文档中的代码进行测试，检查是否存在浏览器所不支持的任何标签、属性、CSS属性和CSS值。

操作步骤

浏览器兼容性检查

01 在结果面板中，选择"浏览器兼容性"选项卡，如图10-12所示。

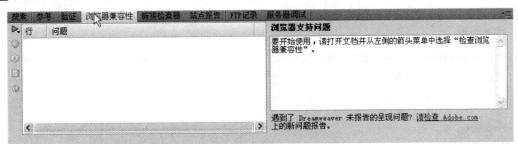

图10-12 "浏览器兼容性"选项卡

02 单击 ▶ 按钮，在弹出的菜单中选择"检查浏览器兼容性"选项，运行命令，生成检测报告，显示结果，如图10-13所示。

图10-13 浏览器兼容性检测结果

查看报告

03 选择报告中的一项，单击 按钮，在弹出的"描述"对话框中查看具体描述信息，或者在查看报告右侧显示的"浏览器支持问题"列表框中查看描述信息，如图10-13所示。根据报告和网站主要客户群，分析问题是否严重，是否需要处理解决。

任务 4 申请域名

任务背景

网站制作完成后，如果想让其他人访问到，就需要一个网站域名和空间。为把"师生作品展示平台"网站发布到网络上，需要申请一个域名和空间。

任务要求

要求掌握免费和收费域名申请的方法，并为"师生作品展示平台"网站在mycool.net网站中申请一个免费的域名。

重点、难点

掌握域名申请方法。

【技术要领】域名申请相关网站；域名查询与申请。

【解决问题】域名申请。

【应用领域】网站发布。

【素材来源】网络资源。

任务分析

免费域名一般稳定性很差，且常常有广告，因此一般情况下，都申请收费域名。这里，根据任务要求先申请一个免费域名。

操作步骤

申请免费域名①

01 在百度或者Google中输入关键字"免费域名申请"，可以搜索到很多相关网页，如mycool.net网站就提供免费域名申请。打开该网页，如图10-14所示。

02 选择导航栏中的"域名申请"选项，跳转到"域名申请"页面，如图10-15所示。

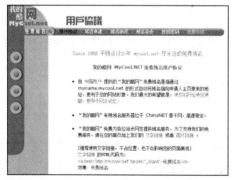

图10-14 mycool.net网站的"用户协议"网页

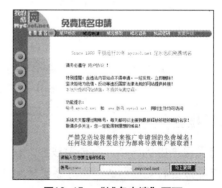

图10-15 "域名申请"页面

03 在"账号"文本框中输入域名名称，如"studentpfc"，并单击"马上查询"按钮，检测该账号是否被注册了，如果被注册了，则需更换一个新的名称，如图10-16所示。

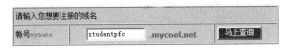

图10-16　注册账号

04 当账号没有被注册，则该域名可以使用，然后填写一些信息。如密码、E-mail信息等，其中"转到URL网址"为需要跳转到的网站URL地址，比如空间提供商所提供的IP地址等，如图10-17所示。

05 单击"马上申请"按钮，域名申请成功，如图10-18所示。

图10-17　填写域名注册信息

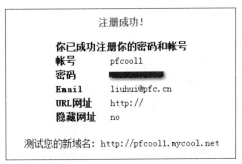

图10-18　域名注册成功显示结果

测试申请的免费域名

06 单击"测试您的新域名：http://pfcool1.mycool.net"超链接，可链接到跳转的URL。在链接过程中，可以看到mycool.net的广告，这些广告会影响我们网页的效果，因此，一般情况下不使用免费域名。

申请收费域名

07 收费域名的申请与免费域名的申请方法相似。如在"美橙互联"网站，可以很容易地申请域名。在域名文本框中输入想要申请的域名名称，单击"查询"按钮，如果没有被注册，则可以注册该域名，"美橙互联"网站首页如图10-19所示。

图10-19　"美橙互联"网站首页

任务 5 申请空间

任务背景

网站制作完成后，如果想让其他人访问到，就需要一个网站域名和空间。在任务4中已申请了一个域名，现需要申请一个空间，把"师生作品展示平台"网站发布到网络上。

任务要求

要求掌握租用虚拟主机空间的方法，如果经济允许在网上申请一个空间。

重点、难点

掌握虚拟主机申请方法。

【技术要领】虚拟主机空间租用相关网站；选择适合的空间类型。

【解决问题】空间申请。

【应用领域】网站发布。

【素材来源】网络资源。

任务分析

要把制作完成的网页发布到因特网上，企业可以自己建立机房，配备专业人员、服务器、路由器和网络管理工具等，再向邮电部门申请专线和出口等，由此建立一个完全属于自己管理的独立网站。但是这样需要很大的投入，且日常运营费用也较高。为节省开支，目前比较流行的做法有3种：租用虚拟主机空间方案、服务器托管方案和专线接入方案，而租用虚拟主机空间方案是3种中最流行的。

操作步骤

虚拟主机❷空间申请

01 目前，提供虚拟主机空间租用的服务商很多，如"美橙互联"、"你好万维网"等。访问网站"www.cndns.com"，打开"美橙互联"首页，在导航栏上选择"虚拟主机"选项，在打开的页面上可以看到该网站提供了多种虚拟主机的选择，如电信主机、双线主机、.net主机等，如图10-20所示。

02 选择任一种类型，如电信主机，可查看该类型下各种虚拟主机选项。可以选择不同的网站空间大小、邮箱数量、IIS访问数等，用户可以根据自己的需要购买最适合、最优惠的类型，如图10-21所示。

03 在这个网站上，可以申请域名❸，也可以购买存储空间，通常按年收费。例如，如果希望申请的空间不必太大，且是一个国际域名，还可以自己管理邮箱，那么"特惠套餐"中的"电信特惠套餐100型"是比较理想的选择，其年收费为190元，如图10-22所示。

图10-20　"美橙互联"网站的"虚拟主机"页面

图10-21　虚拟主机类型

图10-22　特惠套餐类型

04 空间申请成功，交费完成后，服务提供商会以电子邮件的方式发给用户一些用于登录的内容，包括用户名、FTP服务器地址、FTP密码、网站管理服务器地址和网站管理密码。使用用户名、FTP服务器地址、FTP密码，可以上传文件；使用用户名、网站管理服务器地址和网站管理密码，可以进行后台文件的上传。

任务 6 设置远程主机信息

任务背景

域名和空间申请完后就可以开始发布网站了，在发布网站之前需要进行远程主机信息的设置。

任务要求

通过本任务的学习，要求掌握普通站点远程信息的设置。

重点、难点

远程主机信息设置的内容和方法。

【技术要领】管理站点。

【解决问题】远程主机信息设置。

【应用领域】网站发布。

【素材来源】模块10\素材\最终网站。

任务分析

远程信息设置主要包括主机FTP、登录用户名和密码等信息。

操作步骤

新建"管理站点"

01 启动Dreamweaver CS5软件，选择"窗口"＞"文件"命令，打开"文件"面板，如图10-23所示（注意：此处读者打开的"文件"面板不一定显示的是"桌面"，可能是某个盘符，如"本地磁盘D:"；也可能是之前新建的站点，如"未命名站点2"）。

02 单击"未命名站点2"右侧的下三角按钮，在弹出的下拉菜单中选择"管理站点"选项，如图10-24所示，弹出"管理站点"对话框，如图10-25所示。

图10-23 "文件"面板

图10-24 选择"管理站点"选项

图10-25 "管理站点"对话框

03 如果在"管理站点"对话框中可以看到需要上传的网站,说明之前就已经建立过该网站站点,双击该网站进行步骤5的操作。否则,选择"未命名站点2"选项,然后单击"编辑"按钮,新建一个站点,或者直接单击"新建"按钮,新建一个站点。

04 单击"编辑"按钮后,在弹出的对话框中输入站点的名称,然后选择文件存储位置,单击文本框右侧的"文件夹"按钮,浏览网站在本地网站存储的位置。最后单击"保存"按钮,如图10-26所示。此时,在"管理站点"对话框中,我们可以看到刚刚创建的"html_CSS"站点。如图10-27所示。

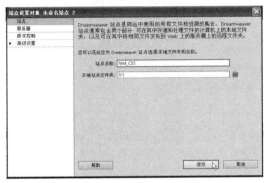

图10-26 站点定义

图10-27 "管理站点"对话框

站点远程信息设置

05 在"管理站点"对话框中选择"html_CSS"选项,单击"编辑"按钮或者直接双击"html_CSS"选项,弹出站点设置对象"html_CSS"对话框,选择"服务器"选项卡,在选项卡右侧的页面中单击"添加服务器"按钮 ➕ ,如图10-28所示。

06 弹出服务器设置对话框之后,设置服务器名称、链接方法、FTP地址、用户名、密码及根目录等信息。该信息由虚拟主机提供商提供,如图10-29所示。

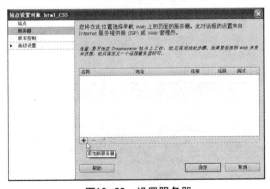

图10-28 设置服务器

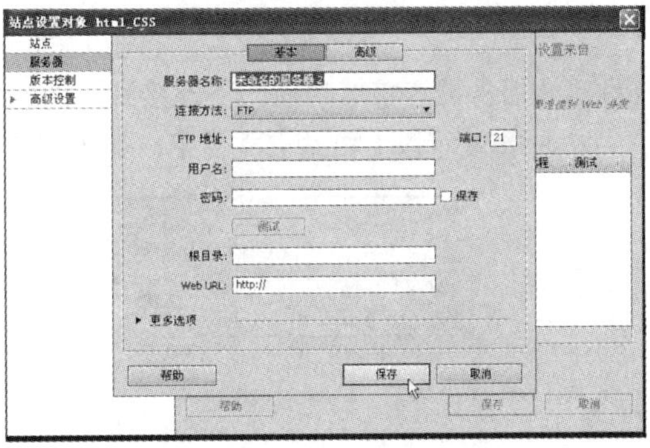

图10-29 设置服务器

07 单击"保存"按钮,设置完毕。

任务 **7** 上传文件

任务背景

站点远程信息设置完毕后就可以开始上传网站了，现需把"师生作品展示平台"网站上传到申请的虚拟主机上。

任务要求

通过本任务的学习，要求掌握通过Dreamweaver上传网站的方法。上传"师生作品展示平台"网站到申请的虚拟主机上。

重点、难点

用Dreamweaver上传网站。

【技术要领】远程链接；上传站点。

【解决问题】上传网站文件。

【应用领域】网站发布。

【素材来源】模块10\素材\最终网站。

任务分析

使用Dreamweaver、IE浏览器或者专业FTP工具，都可以实现文件的上传。虚拟主机提供商告知上传"地址"、"用户名"和"密码"后，就可以上传文件了。

操作步骤

01 在"文件"面板中单击"连接到远端主机"按钮 即可连接到设置的远程服务器上，如图10-30所示。

02 远程服务器连接成功后，"连接到远端主机"按钮会变成 状态，此时单击"上传文件"按钮 就可以上传站点文件了，如图10-31所示。

图10-30 单击"连接到远端主机"按钮

图10-31 单击"上传文件"按钮

知识点拓展

❶ 域名

（1）域名的定义

网络是基于TCP/IP协议进行通信和连接的，每一台主机都有一个唯一的标识固定的IP地址，以区别在网络上成千上万个用户和计算机。网络在区分所有与之相连的网络和主机时，均采用了一种唯一、通用的地址格式，即每一个与网络相连接的计算机和服务器都被指派了一个独一无二的地址。为了保证网络上每台计算机的IP地址的唯一性，用户必须向特定机构申请注册，该机构根据用户单位的网络规模和近期发展计划，分配IP地址。

网络中的地址方案分为两套：IP地址系统和域名地址系统。这两套地址系统实际上是一一对应的关系。IP地址用二进制数来表示，每个IP地址长32比特，由4个小于256的数字组成，数字之间用点间隔，例如，166.111.1.11就表示一个IP地址。由于IP地址是数字标识，使用时难以记忆和书写，因此在IP地址的基础上又发展出一种符号化的地址方案，来代替数字型的IP地址。每一个符号化的地址都与特定的IP地址对应，这样网络上的资源访问起来就容易得多了。这个与网络上的数字型IP地址相对应的字符型地址，就被称为域名。

（2）域名的构成

一个域名一般由英文字母和阿拉伯数字以及横线（-）组成，最长可达67个字符（包括后缀），并且字母的大小写没有区别，每个层次最长不能超过22个字母。这些符号构成了域名的前缀、主体和后缀等几个部分，组合在一起构成一个完整的域名。

以一个常见的域名为例，域名www.baidu.com是由两部分组成，"baidu"是这个域名的主体，而最后的"com"则是该域名的后缀，代表这是一个com国际域名。而前面的"www"是一个前缀，代表一般通用型网站。

（3）域名的类型

域名有两种类型，即国际域名和国内域名。

国际域名（international top-level domain-names，iTDs），也叫国际顶级域名。这也是使用最早并且使用最广泛的域名。例如，.com表示工商企业，.net表示网络提供商，.org表示非营利组织等。

国内域名（national top-level domain-names，nTLDs）又称为国内顶级域名，即按照国家的不同来分配不同的后缀，这些域名为该国的国内顶级域名。目前200多个国家都按照ISO3166国家代码分配了顶级域名，例如，中国是cn，美国是us，日本是jp等。

在实际使用和功能上，国际域名与国内域名没有任何区别，都是互联网上的具有唯一性的标识。只是在最终管理机构上，国际域名由美国商业部授权的互联网名称与数字地址分配机构（The Internet Corporation for Assigned Names and Numbers，ICANN）负责注册和管理；而国内域名则由中国互联网络管理中心（China Internet Network Infomation Center，CNNIC）负责注册和管理。

（4）域名的级别

域名可分为不同级别，包括顶级域名、二级域名、三级域名等。

顶级域名又分为两类，一是国家顶级域名，二是国际顶级域名。目前大多数域名争议都发生在.com的国际顶级域名下，因为多数公司上网的目的都是为了赢利。为加强域名管理，解决域名资源的紧张，Internet协会、Internet分址机构及世界知识产权组织（WIPO）等国际组织经过广泛协商，在原来3个国际通用顶级域名（com、net、org）的基础上，新增加了7个国际通用顶级域名：firm（公司企业）、store（销售公司或企业）、web（突出WWW活动的单位）、arts（突出文化、娱乐活动的单位）、rec（突出消遣、娱乐活动的单位）、info（提供信息服务的单位）和nom（个人），并在世界范围内选择新的注册机构来受理域名注册申请。

二级域名是指顶级域名之下的域名，在国际顶级域名下，是指域名注册人的网上名称，如ibm、yahoo、microsoft等；在国家顶级域名下，是表示注册企业类别的符号，如com、edu、gov、net等。

我国在国际互联网络信息中心（Inter NIC）正式注册并运行的顶级域名是cn，这也是我国的一级域名。在顶级域名之下，我国的二级域名又分为类别域名和行政区域名两类。类别域名共有6个，包括用于科研机构的ac、用于工商金融企业的com、用于教育机构的edu、用于政府部门的 gov、用于互联网络信息中心和运行中心的net，以及用于非营利组织的org。而行政区域名有34个，分别对应于我国各省、自治区和直辖市。

三级域名由字母（A~Z，a~z，大小写等）、数字（0~9）和连接符（-）组成，各级域名之间用实点（.）连接，三级域名的长度不能超过20个字符。 如无特殊原因，建议采用申请人的英文名（或者缩写）或者汉语拼音名 （或者缩写）作为三级域名，以保持域名的清晰性和简洁性。

❷ 虚拟主机

（1）虚拟主机

虚拟主机（Virtual Host Virtual Server）是指使用特殊的软硬件技术，把一台计算机主机分成多台"虚拟"的主机，每一台虚拟主机都具有独立的域名和IP地址（或共享的IP地址），且具有完整的Internet服务器功能。在同一台硬件、同一个操作系统上，运行着为多个用户打开的不同的服务器程序，互不干扰；而各个用户拥有自己的一部分系统资源（IP地址、文件存储空间、内存、CPU时间等）。虚拟主机之间完全独立，在外界看来，每一台虚拟主机和一台独立的主机的表现完全一样。

虚拟主机技术的出现，是对Internet技术的重大贡献，是广大Internet用户的福音。由于多台虚拟主机共享一台真实主机的资源，每个用户承受的硬件费用、网络维护费用、通信线路的费用均大幅度降低，使Internet真正成为人人用得起的网络。

（2）选择线路

目前，由于国内数据网络分别由两家公司运营，北方省市由中国网通运营，南方省市由中国电信运营，这导致了公司之间的网宽带不够，出现了"南北互通不畅"的问题。因此，如果建立的网站主要是给南方的访问者浏览，就要选择使用中国电信线路的虚拟主机；反之，则选择中国网通线路的虚拟主机。当然，选择双线虚拟主机则更加稳妥，但价格也相对贵一些。

❸ 域名和虚拟主机的关系

通常，第一次建立网站时，都会在一家公司注册域名和租用虚拟主机，但是如果用户使用了一段时间后，发现对速度或者服务不够满意，这时就可能需要更换虚拟主机的公司。但通常不需要转移域名的注册公司，只需要在其他公司租用一个新的虚拟主机，然后在原公司中把域名解析地址设置为新的虚拟主机IP地址就可以了。也就是说，域名和虚拟主机是可以分离的两个产品，可以在不同的公司分别购买。

独立实践任务

任务 8 "师生作品展示平台"网站测试和发布

任务背景

"师生作品展示平台"网站已经制作完毕，请对该网站进行整体测试，测试后根据测试结果，进一步修改网站，然后发布网站。

任务要求

完成"师生作品展示平台"网站测试和发布的整个过程。

【技术要领】链接检查；站点报告；浏览器兼容性；域名申请；虚拟主机申请；远程站点信息设置；
　　　　　　文件上传。

【解决问题】网站测试和发布的整个过程。

【应用领域】网站测试发布。

【素材来源】模块10\素材\最终网站。

任务分析

主要制作步骤

职业技能知识点考核

一、单选题

1. 下面关于设计网站结构的说法错误的是（   ）。

A. 按照模块功能的不同分别创建网页，将相关的网页放在一个文件夹中

B. 必要时应建立子文件夹

C. 尽量将图像和动画文件放在一个文件夹中

D. "本地文件"和"远端站点"最好不要使用相同的结构

2. Dreamweaver的站点（Site）菜单中，Get表示（   ）。

A. 将选定文件从远程站点传输至本地文件夹

B. 断开FTP连接

C. 将远程站点中选定文件标注为"隔离"

D. 将选定文件从本地文件夹传输至远程站点

二、判断题

1. Dreamweaver站点报告使开发者可以改进工作流程，但不能对站点中的HTML属性进行测试。

A. 正确　　　　　　B. 错误

2. Dreamweaver 站点提供一种组织所有与 Web 站点关联的文档的方法。通过在站点中组织文件，可以利用 Dreamweaver 将站点上传到 Web 服务器、自动跟踪和维护链接、管理文件以及共享文件。

A. 正确　　　　　　B. 错误

3. 可以在不设置 Dreamweaver 站点的情况下编辑网页文件。

A. 正确　　　　　　B. 错误

4. 本地文件夹是 Dreamweaver 站点的工作目录。此文件夹可以位于本地计算机上，但不可以位于网络服务器上。

A. 正确　　　　　　B. 错误

Adobe Dreamweaver CS5

模块 11

利用模板和库创建网页

　　模版是一种特殊类型的文档，利用它一次可以更新多个页面，达到多页面网格相统一的目的。库是一种用来存储在网站上经常重复使用或更新的页面元素的方法。本章将重点介绍模板和库的使用方法。

能力目标

如何合理地设置和定义模板的可编辑区域。

能够灵活使用各种链接

学时分配

4课时（讲课2课时，实践2课时）

知识目标

1. 创建、使用和管理模板的方法

2. 利用模板更新网页

3. 创建管理库项目

4. 利用库更新网页

模拟制作任务

任务 1 创建模板

任务背景

使用Dreamweaver CS5制作模板,可创建具有相同页面布局的一系列文件。

任务要求

独立完成一个模板的创建、编辑、应用和修改。

重点、难点

模板和库的创建。

任务分析

利用Dreamweaver CS5的模板技术可以创建具有相同页面布局的一系列文件,模板最大的好处在于方便后期维护,可以快速地改变整个站点的布局和外观。

操作步骤

创建模板

01 在Dreamweaver CS5中打开已有的网页。

02 选择"文件">"另存为模板"命令,如图11-1所示,打开"另存模板"对话框。

图11-1 选择"另存为模板"

03 在"站点"下拉列表框中选择站点名称,在"另存为"文本框中输入模板名称。如果选择
"现存的模板"列表中的模板,则可用新的模板覆盖已有的模板,如图11-2所示。

图11-2 "另存模板"对话框

04 单击"保存"按钮,把当前页面保存为模板。

通过"资源"面板创建新模板

05 选择"窗口">"资源"命令,打开"资源"模板,如图11-3所示。

06 单击左边的"模板"按钮 ,打开"资源"面板的"模板"类别,如图11-4所示。

图11-3 打开"资源"模板

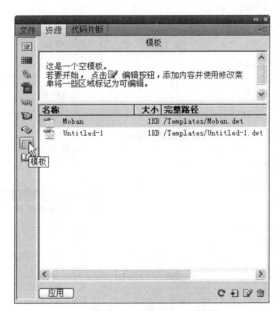

图11-4 打开面板"模板"

07 单击"资源"面板右下角的"新建模板"按钮,这时在模板列表框中添加了一个"无标
题"的模板,如图11-5所示。

08 输入模板名称"新建模板"，并保存模板，就创建了一个空白模板，如图11-6所示。

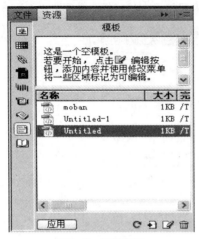

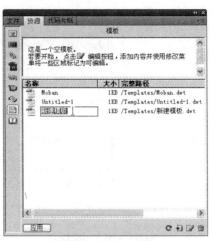

图11-5 新建模板 图11-6 新建空白模板

创建嵌套模板

09 创建一个基于模板的文档，选择"文件">"另存为模板"命令，或选择"插入">"模板对象">"创建嵌套模板"命令，打开"另存模板"对话框，将新文档另存为模板，如图11-7所示。

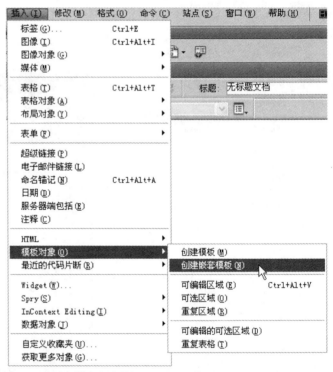

图11-7 将新文档另存为模板

10 在新模板中可编辑区域添加其他内容，保存该模板。

模板创建完成后，就要为模板定义可编辑区域，没有定义可编辑区域的模板是不能被使用的，因为它的所有部分都是锁定的。"可编辑区域"是指基于模板的页面中可以更改的内容，而基于模板的页面中不可更改的部分为"不可编辑区域"或"锁定区域"，如图11-8所示。

插入可编辑区域
定义可编辑区域有两种方法。一种是将已有的一部分页面内容指定为可编辑区域，另一种是在当前光标处插入一个空的可编辑区域。

删除可编辑区域
　　如果已经将模板文件的一个区域定义为可编辑区域，而现在想要再次锁定它，使其为不可编辑区域，可执行"删除模板标记"操作。
　　（1）在文档或标签选择器中，选择想要更改的可编辑区域。
　　（2）按"Delect"键，即可删除该可编辑区域；如果只是删除可编辑区域的标记，其区域仍会保留。

图11-8　　可编辑区域

在模板中创建重复区域

　　重复区域是模板的一部分，通常和表格一起使用。这一部分可以在基于模板的页面中重制多次，也可以为其他页面元素定义重复区域。

11 创建重复区域，确定创建重复区域的位置。选择"插入">"模板对象">"重复区域"命令，弹出"新建重复区域"对话框，如图11-9所示。

12 选择"新建重复区域"对话框，在名称框中为该模板区域输入"模板编辑"的名称，如图11-10所示，单击"确定"按钮。

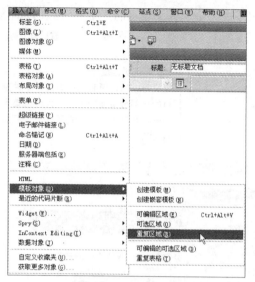

图11-9　打开重复区域　　　　　　　　图11-10　"新建重复区域"对话框

创建模板区域

　　Dreamweaver CS5允许用户在根据模板创建的文档中修改指定的标签属性，还可以在页面中设置多个可编辑属性，这样，用户就可以在基于模板的文档中修改这些属性了。

13 修改模板区域，在"文档"窗口中，选择区域选项卡，选择"修改" > "模板" > "删除模板标记"命令，如图 11-11 所示。

图11-11　选择"删除模板标记"命令

14 对于可选区域，在选中其标识后，在"属性"面板中单击"编辑"按钮进行修改。

创建基于模板的新页面

15 选择"文件">"新建"命令，如图11-12所示。打开"新建文档"对话框，选择"模板中的页"选项卡，然后选择包含要使用的模板的站点；在"模板"列表中选择需要的模板，单击"创建"按钮。首先新建页面，通过"窗口"菜单打开资源面板，如图11-13所示。

图11-12 "新建文档"对话框

图11-13 "资源"面板

重命名模板

16 重新命名模板，打开"资源"面板的模板类别，选中要重命名的模板，在模板名称上再单击一次，即可激活其文本编辑状态；右击要重命名的模板，在打开的快捷菜单中选择"重命名"命令，同样可以激活其文本编辑状态。

17 输入模板的新名称。

18 单击模板名称区域外的任何位置，或按回车键，即可修改模板名称。

删除模板

在进行模板管理时，对于已经毫无用处的模板，应该及时删除，以将文档与模板分离，模板分离的操作如下。

19 打开使用了模板的文档，即"campus_news_page_yang1"文档。

20 选择"修改">"模板">"从模板中分离"命令，就可以将文档与模板分离，如图11-14所示。

图11-14　文档与模板分离

创建库项目

什么是库项目 ：库是一种特殊的Dreamweaver CS5文件，其中包含已创建的单独的网页"资源"或资源拷贝的集合。如果想让页面既具有相同的标题和脚注，又具有不同的页面布局，可使用库项目存储标题和脚注。库项目是可以在多个页面中重复使用的存储页面元素，每当更改某个库项目的内容时，都可以更新所有使用该项目的页面。

创建库项目：可以对文档body部分中的任意元素创建库项目，这些元素包括文本、表格、表单、Java applets、插件、ActiveX元素、导航条和图像。也可以创建空白的库项目。

21 将插入点放在文档窗口中想要插入库项目的地方。

22 打开"资源"面板的库类别，执行以下操作之一。

　　① 选择一个库项目，并用鼠标将其拖曳到光标所在处。

　　② 选择一个库项目，单击面板底部的"插入"按钮 。

　　③ 右击所选的库项目，从弹出的菜单中选择"插入"命令，如图11-15所示。

图11-15 选择"插入"命令

库项目的管理

23 编辑库项目，打开"资源"面板的"库"按钮 。选择库项目，库项目的预览出现在"资源"面板的顶部，但不能在预览中进行任何编辑。单击面板底部的"编辑"按钮 ，或双击库项目。

重新创建库项目

如果误删了有用的库项目，可以利用插入到文档中的库项目内容来重新创建库项目，方法如下。

24 在文档中选中插入库项目的内容。

25 右击文档内容，从弹出的快捷菜单中选择"重建"命令，或单击库项目属性面板上的"重新创建"按钮，即可完成重建库项目，而且库项目仍以原来的名字命名。

更新网页

26 在当前网页窗口选择"修改">"库">"更新页面"命令，系统出现一个确认窗口，单击"确定"按钮，完成当前网页的更新工作，如图11-16所示。

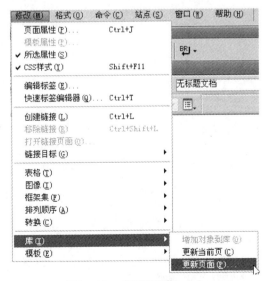

图11-16 "更新页面"命令

职业技能知识点考核

选择题

1. 在 Dreamweaver CS5 中，模板里可以插入的图像格式包括（　　）

A. GIF   B. JPEG

C. PNG   D. JPG

2. 在 Dreamweaver CS5模板中，编辑模板可以通过行为设置哪些文本（　　）

A. 设置容器文本   B. 设置文本域文本

C. 设置框架文本   D. 设置状态栏文本

3. 在Dreamweaver CS5中，关于模板的说法正确的是（　　）。

A. 模板是一个文件

B. 模板默认状态下被保存在站点根目录下的Templates子目录下

C. 模板是固定不变的

D. 模板和库尽管有相似之处，但总的来说仍是两个不同的概念

4. 在Dreamweaver CS5中，下面这些对象能设置超链接的是（　　）

A. 任何文字   B. 图像

C. 图像的一部分   D. FLASH影片

Adobe Dreamweaver CS5

模块 12

使用DIV+CSS进行网页布局

网页制作要能充分吸引访问者的注意力，让访问者产生视觉上的愉悦感。因此在网页创作的时候就必须将网站的整体设计与网页设计的相关原理紧密结合起来。网页制作通常就是将网页设计师所设计出来的设计稿，用html语言和CSS样式将其制作成网页格式。

能力目标

在制作网页过程中如何嵌套CSS样式与代码

学时分配

4课时（讲课3课时，实践1课时）

知识目标

1. 在photoshop中切图
2. 建立网站目录，新建站点
3. 制作首页Logo模块
4. 制作首页内容

模拟制作任务

任务 1　制作网站首页

任务背景

某公司网站的旧版网站是用Table+CSS技术制作出来的，所以访问速度及页面的seo都不是友好的，为了改善这一状况，现在要对网站进行技术升级，将其改成DIV+CSS技术，提高访问速度及改善网页对搜索引擎的友好支持，如图12-1所示。

图12-1　制作网站首页

任务要求

使用DIV+CSS样式的方法制作出首页。网页中的空白不能用\<br\>、\ ；代码，要使用元素盒模型属性Margin或Padding制作。

菜单导航要使用无序列表标签ul制作。

内容图片使用img标签引入，背景图片使用标签的CSS样式background引入。

重点、难点

切图、浮动布局页面。

制作菜单导航。

【技术要领】切图、float属性的应用。

【解决问题】制作首页面。

【应用领域】网页制作。

【素材来源】模块12\素材\首页效果图.png。

任务分析

网页上的图片在布局上分为两种，第一种是背景图片，背景图片主要在网页中起装饰页面的作用；第二种是内容图片，内容图片是网页内容中的图片，它是根据内容从后面数据库中取出的。内容图片使用img标签引入与背景图片使用标签的CSS样式background引入不同。现在分析以下网页，背景图片有4处，内容图片有3处，如图12-2所示。

图12-2　制作网站首页

操作步骤

在photoshop中切出所需要的素材

01 启动Photoshop，打开"模块12\素材\首页效果图.png"网站页面效果图，单击工具箱中的"切片工具"，如图12-3所示。

图12-3　切片工具

02 连续按键盘上的F键两下，使Photoshop进入全屏状态，目的是方便切图，如图12-4所示。这时就可以在需要切图的图片上拖动鼠标进行切图操作了。

03 对图文进行放大操作，可以按键盘的Z键，然后单击图片进行图片的放大，还可以按键盘的H键对图片进行拖动，如图12-5所示。

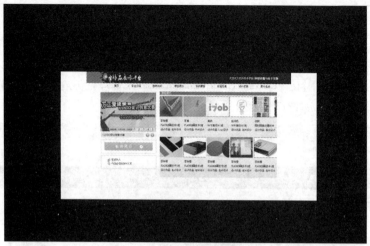

图12-4　全屏状态

图12-5　按Z键进行图片的放大，按H键进行图片的拖动

04 单击工具栏中的"切图工具"或按键盘的C键选中切片工具，把光标放在切图的边缘，可以对切片宽高进行调整，在弹出的"切片选项"对话框中修改"名称"为"logo"，如图12-6所示。

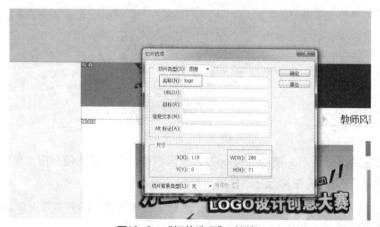

图12-6　"切片选项"对话框

05 覆盖"首页"效果图上的文字，如图12-7所示。

图12-7 覆盖文字"首页"

06 单击工具箱选择"矩形选框工具"，如图12-8所示，在如图12-9所示的地方单击鼠标左键，拖动鼠标选择一个矩形区域，然后拖动矩形向左移，以删除图中的"首页"二字。按Backspace删除键，弹出"填充"对话框，对"首页"两字进行设置，"使用设置"为"内容识别"，"模式"为"正常"，"不透明设置"为"100%"，单击"确定"按钮。

图12-8 单击工具箱中的"矩形选框工具"   **图12-9 拖动鼠标选择一个矩形区域**

07 以同样的方法，把图中的"专业介绍"、"教师风采"、"课程展示"、"实训课程"、"校园写真"、"设计欣赏"几个字删除，然后对菜单背景图进行切割。双击切片工具在弹出的对话框中修改下列信息，如图12-10所示。

图12-10 导航菜单条切片属性设置

08 对网站效果图的"焦点新闻"这一块进行切片属性设置，如图12-11所示。

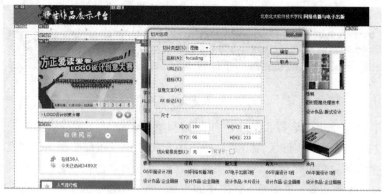

图12-11　"焦点新闻"切片属性设置

09 对网站效果图的"教师风采"热点链接这一块进行切图操作，切图设置如图12-12所示。

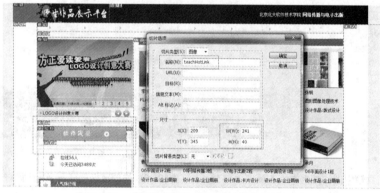

图12-12　"教师风采"热点链接切片属性设置

10 对网站效果图的"在线统计"这一块的两个图片进行切图操作，由于要切的图片比较小，可以先放大效果图片再进行切图操作。切图设置如图12-13所示。

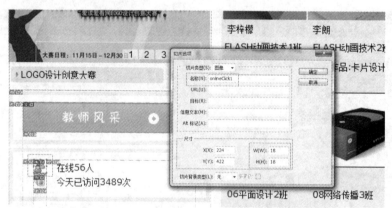

图12-13　"在线人数"小图片切片属性设置

11 按照步骤1～10的切图方法，分别对"课程展示"这一块的10张图片进行切片操作，并把切片名称分别修改为lessonShow1、lessonShow2、lessonShowImg3、lessonShowImg4、lessonShowImg5、lessonShowImg6、lessonShowImg7、lessonShowImg8、lessonShowImg9、lessonShowImg10。10个切片效果，如图12-14所示。

图12-14　10个切片效果

> **提示**
> - 要选择切片为当前切片，以对其进行属性的设置，可以按键盘的Ctrl键的同时单击要选择的切片。
> - 要打开切片属性设置对话框，可以按键盘的Ctrl键的同时双击要设置属性的切片。

12 选择菜单中的"文件" > "存储为web和设备所用格式"命令，或按Ctrl+Alt+Shift+S组合键。在弹出的对话框中可以单击左侧显示图像切片的区域进行切片的选择，然后在对话框的右侧区域对其导出的图片格式进行修改，如图12-15所示。

图12-15　选择菜单中的"文件" > "存储为web和设备所用格式"命令

13 这时我们把所有切片改为jpg格式，单击"存储"按钮。选择存储图片的文件夹，选择"D
盘"，最后单击"保存"按钮进行导出图片操作。在D盘下自动生成"images"文件夹。打
开文件夹，可以看到如图12-16所示的效果。

图12-16 打开"images"文件夹

建立网站目录

14 在D盘下新建文件夹"site"，在"site"文件夹中新建文件夹"style"，打开"模块12\素材\
base.css"，将其文件拷贝到"style"文件夹下，如图12-17所示。

15 在"style"文件夹下新建文件夹"img"，把在D盘根目录"images"文件夹下导出的16张
图片拷贝到"sytle\img"文件夹下，如图12-18所示。

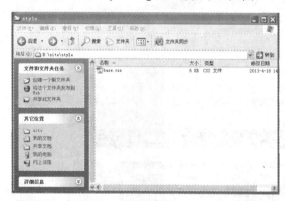

图12-17 把"base.css"文件拷贝到"style"文件夹下　　图12-18 拷贝图片到"sytle\img"文件夹下

新建站点

16 打开Dreamweaver CS5，选择菜单"窗口">"文件"命令或按F8快捷键，在弹出的"文
件"对话框中，单击第一个下拉列表，选择"管理站点"命令，如图12-19所示。弹出"管
理站点"对话框，如图12-20所示，在对话框中单击"新建"按钮。

图12-19　选择"管理站点"命令　　图12-20　"管理站点"对话框

17 在"站点设置对象"对话框中，将"站点名称"修改为"师生作品展示平台"，将"本地站点文件夹"修改为"D:\site\"，如图12-21所示。

18 最后单击"保存"按钮，完成新建站点的操作，如图12-22所示。

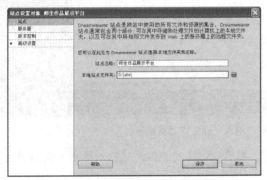

图12-21　在"站点设置"对话框中修改属性　　图12-22　新建站点完成

19 打开Dreamweaver CS5，选择菜单"文件">"新建"命令或按Ctrl+N组合键，在弹出的新建文档对话框中，单击"新建"按钮，新建一个"Untitled-1"文件，再按下Ctrl+S组合键，把文件名改为"index.html"。最后单击"保存"按钮完成保存文件操作，如图12-23所示。

图12-23　修改文件名

导入CSS样式库

20 单击工具栏中的"代码"按钮，使Dreamweaver处于代码窗口下。并在工具栏中的"标题"栏中输入"师生作品展示平台"，如图12-24所示。

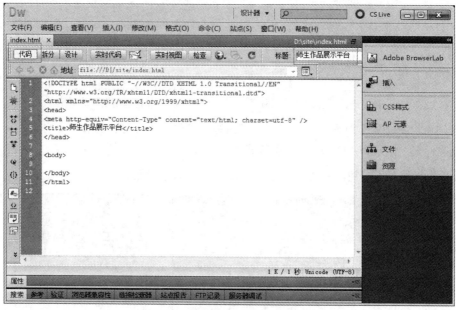

图12-24　输入"师生作品展示平台"

21 双击鼠标右键，按shift+F11组合键，打开CSS样式窗口，单击对话框下面的"附加样式表"按钮，如图12-25所示。

图12-25　单击"附加样式表"按钮

22 在弹出的对话框中选择"base.css"样式文件，如图12-26所示。完成后，在"index.html"文件中自动生成下面标识的代码行，如图12-27所示。

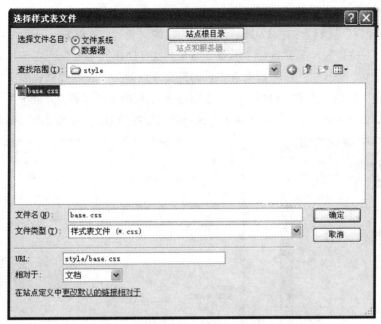

图12—26 选择"base.css"样式文件

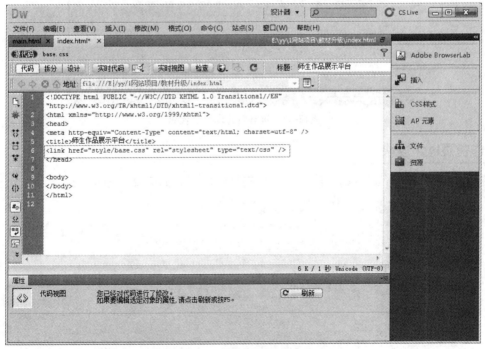

图12—27 文件链接自动生成代码

23 新建"common.css"文件，按Shift+F11组合键，打开"CSS样式"控制面板，单击下方的"新建CSS规则"按钮，如图12-28所示。在弹出的"新建CSS规则"对话框中，单击"选择器类型"下拉列表，将其选为"标签（重新定义HTML元素）"，将下拉列表"选择器名称"设置为"body"，将下拉列表"规则定义"设置为"（新建样式表文件）"。然后单击"确定"按钮，如图12-29所示。在弹出的对话框中选择文件夹"style"，"文件名"项目中输入"common.css"，最后单击"保存"按钮完成新建CSS样式文件操作。

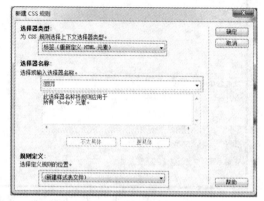

图12-28　单击"新建CSS规则"按钮　　图12-29　　"新建CSS规则"属性设置

24 单击"common.css"选项卡，在"common.css"窗口的"body"标签中输入以下代码，如图12-30所示。

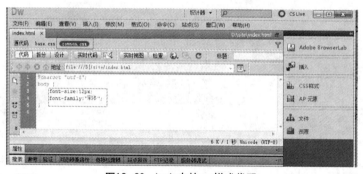

图12-30　body中的css样式代码

制作首页logo模块

25 在"源代码"窗口的"body"标签中输入下列html代码，如图12-31所示。

```
1  <!DOCTYPE html PUBLIC "-//W3C//DTD XHTML 1.0 Transitional//EN" "http://www.w3.org/TR
2  <html xmlns="http://www.w3.org/1999/xhtml">
3  <head>
4  <meta http-equiv="Content-Type" content="text/html; charset=utf-8" />
5  <title>师生作品展示平台</title>
6  <link href="style/base.css" rel="stylesheet" type="text/css" />
7  <link href="style/common.css" rel="stylesheet" type="text/css" />
8  </head>
9
10 <body>
11 <div class="logoArea bWrap clearfix">
12    <div class="logo fl"><a href="#">师生作品展示平台</a></div>
13    <div class="l-text fr">北京北大软件学院 <span>网络传播与电子出版</span></div>
14 </div>
15
16 </body>
17 </html>
18
```

图12-31　html代码

26 在"common.css"窗口中输入下列CSS样式代码，如图12-32所示。

```
1  @charset "utf-8";
2  body {
3      font-size:12px;
4      font-family:"宋体";
5  }
6  .bWrap{
7      width:1024px;
8      margin-left:auto;
9      margin-right:auto;
10 }
11
12 .logoArea{
13     background:#1e1f23;
14 }
15 .logo a{
16     display:block;
17     width:280px;
18     height:55px;
19     background:url(img/logo.jpg) no-repeat 0 0;
20
21     overflow:hidden;
22     text-indent:-999em;
23     white-space:nowrap;
24 }
25 .l-text{
26     color:#fff;
27     line-height:55px;
28     padding-right:63px;
29 }
30 .l-text span{
31     font-weight:bold;
32 }
```

图12-32 common.css文件中的代码

27 按F12键，浏览网页最终效果，如图12-33所示。

图12-33 首页logo区域效果

28 在"源代码"窗口中输入下列代码，如图12-34所示。

```
10 <body>
11 <div class="logoArea bWrap clearfix">
12     <div class="logo fl"><a href="#">师生作品展示平台</a></div>
13     <div class="l-text fr">北京北大软件技术学院 <span>网络传播与电子出版</span></div>
14 </div>
15 <div class="menu wrap clearfix">
16     <ul>
17     <li><a href="#">首页</a></li>
18     <li><a href="#">专业介绍</a></li>
19     <li><a href="#">教师风彩</a></li>
20     <li><a href="#">课程展示</a></li>
21     <li><a href="#">实训课程</a></li>
22     <li><a href="#">校园写真</a></li>
23     <li><a href="#">设计欣赏</a></li>
24     <li><a href="#">课外活动</a></li>
25     </ul>
26 </div>
27 </body>
28 </html>
29
```

图12-34 html代码

29 在"common.css"窗口中输入下列两处CSS样式代码。

（1）"common.css"文件中的第一处CSS样式代码，如图12-35所示。

```
29    .l-text{
30        color:#fff;
31        line-height:55px;
32        padding-right:63px;
33    }
34    .l-text span{
35        font-weight:bold;
36    }
37    /*导航菜单开始*/
38    .menu{
39        height:25px;
40        background:url(img/menu_bak.jpg) no-repeat 0 0;
41    }
42    .menu ul{
43        padding-left:40px;
44        line-height:25px;
45    }
46    .menu li{
47        float:left;
48        padding:0 30px;
49    }
50    .menu a{
51        color:#000;
52    }
53    .menu a:hover{
54        color:#69F;
55    }
56    /*导航菜单结束*/
57
```

图12-35　第一处CSS样式代码

（2）"common.css"文件中的第二处CSS样式代码如图12-36所示。此时，按F12键，实现网页浏览，如图12-37所示。

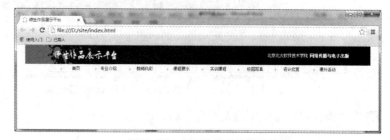

```
11    .wrap{
12        width:883px;
13        margin-left:auto;
14        margin-right:auto;
15    }
```

图12-36　第二处CSS样式代码

图12-37　首页菜单导航模块效果

制作首页内容模块左边区域

30 在"源代码"窗口中输入下列html样式代码，如图12-38 所示。

```html
27    <div class="main wrap clearfix mt15">
28        <div class="m-left fl">
29            <div class="focusImg"><img src="style/img/focusImg.jpg" /></div>
30            <div class="teacherLink"><a href="#" title="点击进入教师风彩页面">教师风彩</a></div>
31            <div class="online mt5">
32                <ul>
33                    <li class="onPeople">在线56人</li>
34                    <li class="todayPeople">今日已访问324人次</li>
35                </ul>
36            </div>
37        </div>
38        <div class="m-right fr"></div>
39    </div>
```

图12-38　html样式代码

31 在"common.css"窗口中输入下列CSS样式代码，如图12-39所示。

```
58    .m-left{
59        width:281px;
60    }
61    .m-right{
62        width:586px;
63    }
64    .teacherLink{
65        border:5px #eaebe6 solid;height:60px;
66    }
67    .teacherLink a{
68        display:block;
69        width:241px;
70        height:40px;
71        background:url(img/teachHotLink.jpg) no-repeat 0 0;
72        margin:10px auto 0 auto;
73        white-space:nowrap;overflow:hidden;text-indent:-999em;
74    }
75    .online{
76        height:60px;
77        border:5px #eaebe6 solid;
78    }
79    .online ul{
80        padding-left:30px;margin:12px 0 0 0;
81    }
82    .onPeople,.todayPeople{
83        padding-left:20px;
84    }
85    .onPeople{
86        background:url(img/onlineClick1.jpg) no-repeat 0 0;padding-bottom:5px;
87    }
88    .todayPeople{
89        background:url(img/onlineClick2.jpg) no-repeat 0 0;
90    }
```

图12-39 首页左侧CSS样式代码

32 按F12键，进行网页浏览，如图12-40所示。

图12-40 首页左侧模块效果

制作首页内容模块的右边区域

33 在"源代码"窗口中输入下列html样式代码，如图12-41所示。

34 在"common.css"窗口中输入下列CSS样式代码，如图12-42所示。

```
38     <div class="m-right fr">
39         <div class="lessonShow">
40             <h2 class="mb5"><a href="#">课程展示</a></h2>
41             <ul class="le-list clearfix">
42                 <li><img src="style/img/lessonShowImg1.jpg" /><p>李梓橙</p><p>FLASH动画技术1班</p><p>设计作品：名片设计</p></li>
43                 <li><img src="style/img/lessonShowImg2.jpg" /><p>李琳</p><p>FLASH动画技术2班</p><p>设计作品：卡片设计</p></li>
44                 <li><img src="style/img/lessonShowImg3.jpg" /><p>焦娇</p><p>06平面设计1班</p><p>设计作品：logo设计</p></li>
45                 <li><img src="style/img/lessonShowImg4.jpg" /><p>赵洪桥</p><p>06平面设计2班</p><p>设计作品：名片设计</p></li>
46                 <li class="le-list-last"><img src="style/img/lessonShowImg5.jpg" /><p>张帆</p><p>图形图像处理技术</p><p>设计作品：版式设计</p></li>
47                 <li><img src="style/img/lessonShowImg6.jpg" /><p>李梓橙</p><p>FLASH动画技术1班</p><p>设计作品：名片设计</p></li>
48                 <li><img src="style/img/lessonShowImg7.jpg" /><p>李梓橙</p><p>FLASH动画技术1班</p><p>设计作品：名片设计</p></li>
49                 <li><img src="style/img/lessonShowImg8.jpg" /><p>李梓橙</p><p>FLASH动画技术1班</p><p>设计作品：名片设计</p></li>
50                 <li><img src="style/img/lessonShowImg9.jpg" /><p>李梓橙</p><p>FLASH动画技术1班</p><p>设计作品：名片设计</p></li>
51                 <li class="le-list-last"><img src="style/img/lessonShowImg10.jpg" /><p>李梓橙</p><p>FLASH动画技术1班</p><p>设计作品：名片设计</p></li>
52             </ul>
53         </div>
54     </div>
```

图12-41　首页右侧html样式代码

```
93     .lessonShow h2{
94         background:#777b6a;
95         height:16px;
96         line-height:16px;
97         text-indent:10px;
98     }
99     .lessonShow h2 a{
100        color:#fff;
101    }
102    .le-list{
103        background:#eaebe6;
104    }
105    .le-list li{
106        float:left;
107        padding-right:4px;
108        padding-bottom:25px;
109    }
110    .le-list img{
111        margin-bottom:10px;
112    }
113    .lessonShow p{
114        line-height:1.8em;
115        text-indent:5px;
116    }
117    .le-list .le-list-last{
118        padding-right:0;
119    }
```

图12-42　首页右侧CSS样式代码

35 按F12键，进行网页浏览效果，如图12-43所示。

图12-43　首页右侧模块效果

独立实践任务

任务 2 把网站"课外活动"页面制作完成

任务背景

网页首页面虽然制作完成了，但其他的栏目页面也需要重新用 DIV+CSS样式制作，比如"课外活动"列表页面，如图12-44所示。

图12-44 "课外活动"列表页面

任务要求

1.使用DIV+CSS样式的方法制作出首页，网页中的空白，不能用
、 代码，要使用元素盒模型属性margin或padding制作。

2.菜单导航要使用无序列表标签ul制作。

3.内容图片使用img标签引入，背景图片使用标签的CSS样式background引入。

【技术要领】应用float属性、制作背景图片平铺效果。

【解决问题】制作内容列表页。

【应用领域】网页制作。

【素材来源】模块12\素材\最终素材。

任务分析

主要制作步骤

职业技能知识点考核

一、单选题

1. CSS是利用（　　）XHTML标记构建网页布局。

A. <dir>　　　　　　B. <div>　　　　　　C. <dis>　　　　　　D. <dif>

2. 在CSS语言中，下列（　　）是"左边框"的语法。

A. border-left-width: <值>　　　　　B. border-top-width: <值>

C. border-left: <值>　　　　　　　　D. border-top-width: <值>

3. 在CSS语言中，下列（　　）的适用对象是"所有对象"。

A. 背景附件　　　B. 文本排列　　　C. 纵向排列　　　D. 文本缩进

4. 下列选项中不属于CSS 文本属性的是（　　）。

A. font-size　　　　　　　　　　B. text-transform

C. text-align　　　　　　　　　　D. line-height

5. 在CSS 中不属于添加在当前页面的形式是（　　）。

A. 内联式样式表　　　　　　　　B. 嵌入式样式表

C. 层叠式样式表　　　　　　　　D. 链接式样式表

6. 在CSS语言中下列（　　）是"列表样式图像"的语法。

A. width: <值>　　　　　　　　B. height: <值>

C. white-space: <值>　　　　　　D. list-style-image: <值>

二、多选题

1. 在CSS语言中，下列（　　）选项是背景图像的属性。

A. 背景重复　　　B. 背景附件　　　　C. 纵向排列　　　　D. 背景位置

2. CSS 中的选择器包括（　　）。

A. 超文本标记选择器　　　　　　B. 类选择器

C. 标签选择器　　　　　　　　　D. ID 选择器

3. CSS文本属性中，文本对齐属性的取值有（　　）。

A. auto　　　　B. justify　　　C. center　　　D. right　　　E. left

4. CSS中BOX的padding属性包括的属性有（　　）。

A. 填充　　　　B. 上填充　　　C. 底填充　　　D. 左填充　　　E. 右填充

5. CSS中，盒模型的属性包括（　　）。

A. font　　　　B. margin　　　C. padding　　　D. visible　　　E. border